紫荆山随笔

李文学 著

黄河水利出版社
· 郑州 ·

图书在版编目（CIP）数据

紫荆山随笔 / 李文学著. —— 郑州：黄河水利出版社，2021.12

ISBN 978－7－5509－3123－7

Ⅰ. ①紫…　Ⅱ. ①李…　Ⅲ. ①散文集-中国-当代　Ⅳ. ①I267

中国版本图书馆CIP数据核字（2021）第211672号

出 版 社：黄河水利出版社　　网址：www.yrcp.com
地址：河南省郑州市顺河路黄委会综合楼14层　　邮编：450003
发行单位：黄河水利出版社
发行部电话：0371－66026940、66020550、66028024、66022620（传真）
E-mail：hhslcbs@126.com
承印单位：河南瑞之光印刷股份有限公司
开本：890 mm×1 240 mm　1 / 32
印张：7.375　　字数：213千字
版次：2021年12月第1版　　印次：2021年12月第1次印刷

定价：50.00元

序

办公区附近的紫荆山公园是郑州市老城区内三大公园之一，另外两个是人民公园和碧沙岗公园，分别位于老城区的中心位置和西边。三个公园基本构成老城区的中轴线，曾是郑州市的繁华所在、美丽所在，不知道有多少人的童年记忆从这里开始。

三个公园面积都不大，但具备一般城市公园所具有的基本要素，如小湖、假山、草地、林荫大道、游乐设施等，可闹中取静，亦可携幼取乐。于我而言，公园是个散步的好地方，特别是早晚间，到公园走上几圈，可开胃，可助眠；一天的美好从这里开启，一天的疲劳又可以从这里消失。

三个公园，我最熟悉的是紫荆山公园。我住在它的西边，上班在它的北边，绕行一趟也就两公里。三春百花，夏日荷塘，深秋红叶，冬日瑞雪，一年四季我是常客，对其变化可谓了如指掌。最当感谢的是它带给我的快乐和灵感，我有不少随笔和诗是在它那不太幽静的林荫道上构思的，也有不少作品与它有关。

我曾在它的北侧办公十余年，常常会在久坐之后伫立窗前观看它那美好的景色，放松心情，调节视力，缓解压力。很遗憾，由于工作变动，2016年我搬离了那栋办公楼，公园已不在视线之内，少了些许快乐。为纪念这十几年的相伴，我把这本集子称为《紫荆山随笔》。集子时间跨度约6年，与《河内河外》一书基本写于同一时期，可视作姊妹篇，区别在于一个写工作，一个写生活。同时已经成集的还有一本，专门写亲情，至于这本集子该叫什么，等出版时再说。

作　者

2021年初夏

目　录

看　戏

像我这个年龄段的人，对戏都不陌生，大部人甚至还很喜爱。年龄再大些的老一辈，有不少人可能还对戏入迷。

记得小时候，逢年过节的主要娱乐就是看戏或听书。20世纪70年代的农村，规模大点的行政村（那时候叫大队）一般都会有个戏班子，所有演员都是业余爱好者，自愿兼职。除了过节演出外，农闲时节还会到周边的村子里巡演。报酬就是几顿饱饭。现在50岁上下的人，青少年时期基本上都看过不少戏，有的甚至还会哼唱几段。

除了看戏，农闲时常常有说书的到各个村子巡演。有时一听就是几个晚上，寓教于乐。说书的一般三人一组，尽管多是盲人，但说起书来可谓声情并茂，引人入胜，扣人心弦。很可惜，改革开放之后，农村的这些传统娱乐项目都渐渐消失了。

戏如良药，能疏导一个人的情感，听多了还真会上瘾。20世纪八九十年代，我曾在美国待了7年多，当时最能缓解思乡之情的就是几盘录音带，带子里录的全是常香玉的著名唱段，如《考红》《花木兰》《白蛇传》等优秀传统剧目中的唱段，最喜欢《白蛇传》中《哭啼啼把官人急忙搀起》那一段。录音带就放在汽车上，反复地听，到后来自己也能跟着哼唱。2003年几家亲戚来郑州时，我曾在英协剧院请他们看过一次戏，花了100块钱，点了《哭啼啼把官人急忙搀起》那一段。演唱者是河南电视台梨园春节目的年度冠军，唱得很不错。

尽管喜欢戏，但我很少到剧院去看。有时周末散步时会在公园或河堤上站一会儿，免费看看票友们的表演。规模大小不一，但不乏高手。家门口的紫荆山公园、人民公园都有票友娱乐的场子，据说最火的当属每个礼拜天在大石桥附近演出的河南省锦绣梨园艺术团，有不少名角到场献艺。

▲ 看 戏

我和夫人昨天下午散步时发现了这个场子，到晚了，挤不到跟前，只能看着别人的后背听。估计观众有上千人，前排的坐着，后排的站在高低不同的凳子上，更有人爬到树丫上观看。据说，这个场子每个周日下午2时30分开始，一直演到6时。下次一定要早点来，完整地听上半天。

与这个场子一桥之隔还有另一个场子，演唱者多为票友，水平也很高。昨天路过时站在那里听了两段，一段是豫剧《朝阳沟》选段，另一段是豫剧《卖苗郎》选段。演唱者是位中年妇女，声情并茂，动作很有范儿。大家都很喜欢，掌声也很热烈。但票友多，她不好意思多唱。

河南是个戏剧大省，除了大家熟悉的豫剧、曲剧外，还有很多其他剧种，如越调（流行于河南全境）、大平调（冀、鲁、豫、苏、皖接壤地带）、怀梆（焦作、济源、新乡一带）、怀调（豫、冀接壤地带）、道情戏（周口一带）、四平调（豫、苏、皖、鲁接壤地带）、柳琴戏（豫、苏、皖、鲁接壤地带）等。我最喜欢、最熟悉的是豫剧、曲剧和越调，因为小时候这三种戏看得最多。

戏剧是中华民族传统文化的瑰宝，但喜欢看戏的年轻人越来越少，真担心有朝一日有些地方戏会进入世界非物质文化遗产名录。

2015年9月13日

夜行长安街

到北京开会，住中国职工之家酒店。这是我第二次住这个酒店，上一次是今年6月，也是参加会议。因此，对酒店周边的环境已比较熟悉。

酒店坐落在长安街南边，对面就是长安商场。出酒店向南走不多远就是护城河，早晚有不少人在河边散步、跳舞、钓鱼。在这住宿时，我早晚也会到河边走走，但今晚例外。天气不错，晚饭后独自走上了长安街，一路向东，开始只是想散散步，最终却走到了天安门广场。来回差不多用了两个小时。

傍晚的长安街很热闹，车流如龙，行人如织。估计大部分行人都是赶着回家的，但也有不少像我这样走着看风景的外地人。不知来过北京多少次了，但对北京并不熟悉。原因有二：一是北京太大；二是出门就坐车，点对点，具体方位都搞不清楚。

今晚之所以走到天安门广场，与20世纪80年代那点对北京的记忆有关。向东的路上，首先认出来的是南礼士路，然后是民族饭店、西单、电报大楼、府右街、天安门广场。正是这些熟悉的路和建筑诱使我一直向前，最后走到了天安门广场。

20世纪80年代的北京远没有现在繁华，长安街上最高的建筑可能就是电报大楼。那时候到北京出差，出行都是公交车，在长安街上没少跑。因此，对有些地方印象很深。

当时水利部有两个招待所，一个在府右街口，紧邻长安街，对面就是紫禁城的城墙。斜对面不远处有一个门岗，时不时能看到红旗轿车出入。另一个在社会路上，离月坛公园和玉渊潭都不远。记得有一次住社会路招待所时，我还和在北京工作的同学们在玉渊潭里游过泳，留下了几张色彩不太鲜艳的彩照。这两个招待所现在都不复存在。

天安门广场我也去过两次，也都是20世纪80年代的事。这次来正好赶在“9·3”阅兵（纪念中国人民抗日战争暨世界反法西斯战争胜利70周年阅兵）之后，不少花坛还没有移走，阅兵时供嘉宾坐的看台也没有拆除，广场周围有护栏，大家只能站在护栏外拍拍照。

天安门是个很神圣的地方，特别是中轴线上的天安门城楼、人民英雄纪念碑、毛主席纪念堂和悬挂在城楼上的毛主席像，每每看到这些建筑，总有股肃然起敬之感。这次也不例外，特别是观看过刚刚举行的大阅兵实况转播，心中更是充满自豪与骄傲。

一个很平常的晚间散步，使我回想起这些往事。希望北京在追求繁华的同时，注意对古建筑的保护，给后人们多留下些珍贵的实物和回忆。

2015年9月18日

宜居成都

下午3时到成都，参加中国大坝协会2015年学术年会。会议安排在世纪城国际会议中心，在四环外的天府大道上，距双流机场不远。天府大道向北通过南延线与人民路相接，贯通成都市南北。会议中心附近就是地铁1号线，到天府广场换乘2号线可直接到市中心的步行街——春熙路。

记得第一次来成都是2003年春天，之后可能又来过七八次，对成都不算陌生，特别是青羊宫和金牛宾馆一带。由于气候、文化、饮食等原因，我很喜欢这个城市。过去曾有典故讲“乐不思蜀”，现在应该叫“憾不在蓉”。

入住后到周边转了转，紧挨会议中心有个不错的住宅小区——天鹅湖小区，全是高层住宅楼，有20多栋。出于好奇，我到小区溜达了一圈，看上去环境不错。小桥流水、绿树掩映。正值金秋季节，成都的天气不冷不热，到处都是开着蛋黄色小花的桂花树，馥郁扑鼻，入脑、醉人。

小区边上有个湖，面积得有200亩，湖中间有几个小岛。岛上以及湖边生长着茂密的榕树，湖里有几十只黑天鹅在水面上游弋，很悠哉。想来天鹅湖小区是因为这个湖、这些天鹅而得名。

小区周边的马路、人行道都很宽阔，有不少高档饭店、写字楼等。沿街的商店、饭店、小吃店更是比比皆是，很有生活气息。感觉整体规划做得不错，大气、疏散、方便。

差不多有3年没来成都了，变化还真不小。据说地铁已经开通了7条线路，城市扩张了很多。我们开会的这个地方恐怕几年前还是农田和村庄，现在却变成一个规模宏大的会议中心，而且多数建筑设计得别出心裁，让人们充满幻想。这不，边走边思忖，吟了四句：

九月蓉城风恰恰，熙熙大道美人多。

茅屋不见高楼起，丹桂秋风处处歌。

晚上会议安排有自助餐，但一起来的几位同事想吃四川火锅，这也很合我意。宾馆后院就有一家饭店，名字叫“天下香”，进去一看人还真不少。仿古的建筑，简陋的家具，但应该是一家老字号。

据服务员介绍，2013年12月5日，英国首相卡梅伦访问成都时曾在这里吃过火锅。他喜爱辣，选了鸳鸯锅，点了9个菜、1个小吃，一共花了877元人民币。

点的9个菜中有香菜丸子、牛羊相约、牛肉上上签、石磨豆腐、豆皮、青笋头、菌菇拼盘等。据说首相很喜欢香菜丸子，他走后，这道菜便更名为“首相丸子”，以纪念他的光临。饭店的走道上留有卡梅伦的照片，看上去他吃得很高兴。

我们也点了几个菜，包括“首相丸子”、牛肉、鸭肠、黑豆腐、白喉、牛肚、猪肚、青笋头、青菜等，最后来了两份面。可能没有首相吃得那么清淡，但味道真不错。吃完后禁不住又来了四句：

青红两相望，食客称鸳鸯。

窗外蒙蒙雨，室内麻辣香。

大家吃好了，窗外的雨也停了，但留在嘴里的麻辣感可能还要持续很久，最终会变成一种永久的记忆，和其他因素一道形成对成都的总体印象——宜居城市。

2015年9月23日

如期而至

今年的小雪节气是11月22日。北京、河北和天津一带20日就下起了雪，秦皇岛、张家口境内下的还不小，这可乐坏了不少北京人。特别是一组故宫的雪景照片在网上发布后，次日竟有无数慕名赏景的人在故宫前的雪地里排起了长队，架势不亚于“五一”和“十一”黄金周期间的景象。可以理解。一是因为那组照片拍得实在太美，红墙碧瓦、雕梁画栋，老树枯枝、松青竹翠，在一片白茫茫中显得那么和谐、那么纯粹、那么静谧。难怪有网友说：看到照片有一种穿越的感觉，仿佛回到了明清时代。是啊，在这个喧嚣的快节奏年代，也许只有一场大雪后才能看到这样的静谧、这样的纯粹。二是因为现在是信息时代，每个人在享受着各类信息的同时也都在有意识地创造着各类信息，有这样的美景，谁不想身临其中，体验之余再顺手拍上几张照片，发到朋友圈里与大家分享。

看着北京的雪，还真有点羡慕。还好，天气预报说这次强冷空气要一直南下，两天后河南便有降雪天气。

预报的还真准，23日傍晚，风裹着雪来到了郑州。大约下午6时开始下起了冻雨，一个小时后冻雨变成了雪花，飘飘洒洒，很有点劲头。晚上9点多钟，路上已有一层积雪，忍耐不住那种对第一场雪的欣喜之情，我叫上夫人到街上走了一圈。风很大，雪下得很急，感觉挺冷。但兴奋之情压倒了寒冷，边走边欣赏，还顺手拍了几张照片。回家后琢磨了一首小诗——《夜踏初雪》：

节气寒凝雪自来，飘飘洒洒好情怀。

一身洁白勘惊喜，信步深深踩几排。

写好后，连同照片一起发到了朋友圈，心里顿觉轻松舒畅，算是不负此雪、不负此景。发出后点“赞”的人还真不少，心里挺高兴。从这一点看，我和那些在故宫外排长队等候看雪景发微信的人们心情一样。

晚上入睡时雪依然下得很大，真希望就这样一直下到清晨，等次日一睁眼看到的是银装素裹、茫茫苍苍的北国景象。天未负人，早上起来雪还在下，地上的积雪已有十几厘米厚。

▲ 紫荆山公园雪景（一）

▲ 紫荆山公园雪景（二）

早饭后，我绕道紫荆山公园，想拍几张雪景，没想到与我想法一致的大有人在，有些人更是带上专业装备，深一脚浅一脚地走在雪地里，选拍着自己中意的画面。

今年的首场雪与小雪节气基本契合，算得上如期而至。十多年来，郑州的冬天基本上有两个特点：一是天气暖和，雪下得很少；二是大多数年份雪下在春节前后。印象中，2009年的首场雪来得最早，下得也最大。那年的11月11日，下了一整天的中雪，积雪达到了30厘米厚。当时还没有供暖气，把人冻得不轻。今年的这场雪从时间和强度上看，都可排在第二位，希望这是个好兆头，俗话说“瑞雪兆丰年”！

雪来得早了，景色看上去更美。公园里那金黄色的银杏叶、深红色的南天竹籽、深绿色的垂柳和那众多叫不上名字的常青树，点缀着一园银白，宁静中透出一派盎然生机。在公园里走上一圈，感觉人都被净化了许多，真有点流连忘返。

雪景很美，但路不好走，有不少上班路远的人心理会很复杂，可能是既喜欢又“痛恨”。我家离单位近，觉得这场雪下得真好，希望能多下一会儿，使大地银装素裹，让空气湿润清新，让心里充满幻想，让心情纯洁宁静。

景再好，班还是要上的。到了办公室，一首《瑞雪》跃然纸上：

九霄彻夜飘银粟，大地晨来换玉装。

一色洁白清气漫，有人欢喜有人忙。

2015年11月24日

自扫门前雪

11月23日晚上开始的一场雪一直下到次日下午，积雪有20厘米厚。为了看雪景，我早、中、晚三次到紫荆山公园，还用手机拍了不少照片。

雪停了，大家的兴奋之情会渐渐平息，接下来要面对的是几天泥泞的道路。

记得20世纪90年代以前，城市里的积雪都由市民清扫，基本上墨守了“各人自扫门前雪”的习惯。家属区、办公区及其附近的道路都由附近居民和所在单位清扫，而主干道则会就近划分给周边的单位。所以，雪停后总能看到成群结队的人在清扫积雪，道路很快就会被清扫出来，对交通影响不大。后来情况有所变化，大家可以扫也可以不扫，如果不扫，责任单位要交一定的费用。不知从哪一年开始，这个规矩也破了，政府不再要求“各人自扫门前雪”，而能够自觉坚守的人也越来越少。

我想，究其原因可能有三：一是政府的引导职能逐渐缺失，公民们做义工的意识逐渐淡薄；二是城市规模越来越大，街道越来越多，清理积雪的任务越来越重，完全靠义务劳动很难落实；三是市政有专门的清洁队伍，扫雪这种处理应急事件的事情也理所当然地成了他们的责任。不管是什么原因，我觉得自己家的院子、自己家门前的道路还是应该自己清扫，这不仅能够快速解决行路难的问题，还能够传承优秀品德、培养社会参与意识、增强公民的责任感和自豪感。要不，“我爱我家”不就成了一句空话，一个城市的价值观就失去了具体的载体。

理想与现实总有反差，24日傍晚在路上看到的情况可以说明一二。当晚下班后我又到公园里转了一圈，想享受一下踏雪的感觉。公园里的道路还没来得及清扫，白天游园的人已经在积雪上踩出了很多脚印。踩过的雪还未上冻，走上去不软、不硬、也不太滑，每踏下去一脚都会发出咯吱咯吱的响声，的确是一种享受。

离开公园后，我又到街上走了一个多小时，与在公园里看到的情景截然不同。被汽车或电动车反复碾压过的地方，积雪已成泥糊状，难以下脚；而处于风口处的地段，被反复踩踏的雪已结成冰，非常的滑。哪儿走起来都不容易。

由于道路泥滑，开车的人很少，徒步赶路的人则成群结队，一改往日那车水马龙的景象。一个多小时下来，感受颇多，既有无奈，也有欣慰。繁华一些的街道，路边有很多门面房，大多数商户能做到“自扫门前雪”。门前的人行道很干净，路边的雪堆很整洁，连商店里的灯光看上去都比平时明亮、温暖，使人感受到公德仍在，由衷的欣慰。而行车道上的汽车特别是电动车，在雪泥中挣扎，有打滑的也有抛锚的，寒风中显得很无助、很无奈，不禁使人想到发展地下交通的必要和紧迫。

夜深时路上仍有不少车辆，大型机械设备已经开始清理高架桥上的积雪，以防结冰，而平路上的雪泥可能还需要一两天的时间才能清

▲ 泥泞的道路

理完。一场大雪真是令人既喜又愁。

今天早晨起来，路上的情况正如昨晚所料。车子行走得很慢，堵成了“长龙”；路人走起来更是小心翼翼，时不时还能看到打滑的。我也小心翼翼地走到了办公室。办公区的积雪被清出了几条小路，而周边人行道上的积雪还没有清扫，一夜寒风吹过，都结成了冰。想到昨晚的感受，到办公室的第一件事就是布置扫雪。我先打电话给后勤服务中心的负责人，要求他们准备工具，通知每个单位和部门各出一个人下楼扫雪，并且告诉他以后要形成扫雪的习惯。

大约20分钟后我到了现场，看到30来号人已经手持铁锨、扫把在清扫积雪，我也要了把铁锨，加入到清扫队伍。人多力量大，差不多用了2个小时的时间，就把办公区及其周边约800米长的道路全部清扫干净。

参加清扫的人有男有女，有年轻的也有年长的，大家都很卖力，脸上还能看到一种担当的神色。有不少经过的路人会投出一丝赞许的目光，也有路过的熟人会说一声“扫雪啊”。一句简单的问候，感到的是一种自豪。

“自扫门前雪”本是分内之事，当大家都把它遗忘的时候就有点可怕。我想，政府应该提倡、引导，大家应该坚持、传承，社会公德需要从一件件小事中培养，更需要从一件件小事上体现。

2015年11月25日

等风来

“生活不需要太多奢侈，有风就行。”这是我昨天早上发的一条微信。与微信一同发出的还有三张紫荆山公园的照片，拍的是旭日初升时公园里的景象：碧水蓝天，柳黄荷残。一条短短的微信，引起了不少共鸣。有人回复：“清风一夜绿城娇！”也有人调侃：“大风起兮云飞扬，空气质量变优良。”很平常的一个寒冬晴日，却让大家欢喜不已。

其实，从11月23日的那场雪开始，10天的时间里，人们的心情像坐过山车似的，随着天气的变化而起伏。

11月23日的初雪让大家兴奋了几天，尽情享受了一下“千树万树梨花开”的景象，以至于赏雪的图片和感受成了微信圈里的主要内容。为此，我还写了两篇随笔——《如期而至》和《自扫门前雪》。很遗憾，美好心情也就持续了四五天。从11月28日开始，华北地区出现了大范围雾霾天气，北京、石家庄一带PM2.5值更是超过了1000。有人甚至把20世纪50年代初发生在英国伦敦的雾霾事件都给翻了出来，与北京对比。可谓后来者居上、有过之而无不及。郑州的情况也好不到哪儿去。

根据工作安排，11月30日下午我要赶到运城，次日陪同有关领导查勘位于晋陕峡谷的古贤水利枢纽坝址。到了上午10时，车队的同事告诉我，河南省境内的高速公路都因雾霾严重而关闭，开车去运城可能很困难。无奈，我们只好改乘火车到三门峡，然后借车从三门峡赶往运城。

下午1时上火车，雾霾一直陪同我们到了洛阳。过洛阳后，雾霾变成了团雾，一路向西，逐渐减轻。临近三门峡时雾消失了，终于见到了太阳。透过车窗，看到丘陵上那一块块长势良好的冬小麦和那些树叶已经落光的杂木，感觉到冬天的清冽。

▲ 紫荆山公园晨景

2点多钟到达三门峡，换乘汽车后直奔运城。三门峡距运城只有50余公里，中间隔着中条山和黄河。翻过中条山，大家再次回到了霾中。从地形上看运城是个盆地，北依吕梁山，东峙中条山，黄河从其南边流过。这样的地理环境，当然不利于雾霾的扩散。

看到雾霾这么重，大家很担心次日的行程。据当地人说，由于雾重，11月29日在大运（大同至运城）高速侯马段曾发生过严重车祸，47辆车连环撞，造成3死7伤。真担心次日早上雾霾严重，高速公路会再次关闭。

怕什么还真有什么。12月1日早上，运城仍然笼罩在雾霾中，大运高速公路再次关闭。我们只好沿209国道，经临猗县、河津市、乡宁县前往吉县的壶口。运城到河津这段路我以前走过，知道这里是产煤区，也是燃煤大区，与过去从一排排烟囱上看到燃煤产生的浓烟不同，今天是直接呼吸到了煤烟味。浓浓雾霾中，大地一片混沌，犹如世界末日，坐在车里连眼睛都有点不想睁。还好，车子在乡宁县爬上吕梁山后雾霾终于消散，感觉又回到了人间。真可谓：一山之隔，天有两重。我顿时来了精神，调侃了四句：不见沟壑不见山，车灯闪闪在眼前。眨眼翻越两道岭，霾散日出回人间。

12月2日早上再次离开运城时雾霾仍很严重，运城到三门峡的高速公路关闭，我们只能走国道。与头一天的情形一样，当车子爬上中条山后雾霾逐渐消散，沿途的农家风光一览无余。墙上挂的玉米棒子呈金黄色，院子里堆的煤块乌黑发亮，屋后的柿子树上那留给鸟儿过冬的柿子像一个个红灯笼似的，给灰黄色的大地增添了一点鲜艳。

到达三门峡时天空晴朗，库区的水面上有成群的白天鹅在静静地游弋，和着岸边那在风中摇曳的芦花，给人一种宁静美好的感受。司机很善解人意，主动把车子停在了桥边，我们下车拍了几张照，雾霾留在心里的阴霾似乎一下子淡了许多。

▲ 三门峡天鹅湖（兰华林　摄）

今天是12月4日，温度不高，刮着三四级西北风。天空很蓝、很透，很适合户外运动。这在20年前，恐怕是再平常不过的一个冬日，但近几年却显得有点奢侈。

风真好，希望这个冬季天天有风！

2015年12月4日

额外的小长假

12月13日至15日连休3天，算是2015年年底前一个特殊的福利。之所以连休，是因为上海合作组织成员国政府首脑（总理）理事会第十四次会议于12月14日至15日在郑州举行。应国务院总理李克强邀请，上海合作组织成员国哈萨克斯坦共和国总理马西莫夫、吉尔吉斯坦共和国总理萨里耶夫、俄罗斯联邦政府总理梅德韦杰夫、塔吉克斯坦共和国总理拉苏尔佐达、乌兹别克斯坦共和国第一副总理阿济莫夫，以及观察员国阿富汗伊斯兰共和国、白俄罗斯共和国、印度共和国、伊朗伊斯兰共和国、蒙古国、巴基斯坦伊斯兰共和国政府领导人出席了会议。

在郑州召开这样高规格的会议还是第一次，准备工作量自然很大。大概从开会前两周开始，安保工作已开始加强。走在街上，时不时会碰到几人一组的安保人员在巡逻，听说地铁的安检也比以往更为严格，需要排队等候多时。感到变化的还有很多，譬如：平时街道上随处可见的小商贩一夜之间全部销声匿迹；主干道两旁的电线杆通体被刷了一层银白色的漆，被刷白的还有那些粗壮的法国梧桐树的根部；有些道路得到了修补，街道被反复清扫、冲洗；市区管辖范围内的厂矿、工地都被要求停工；快递暂停了几天，邮局提前休假；等等，不一而足。所有这些努力都是为了会议期间有个安全、洁净的环境，特别不希望那经常肆虐郑州的雾霾天气在会议期间出现。当然，这样做成本很高，但与其巨大的国际影响和深远的历史意义相比，这点成本很值得。

会议前，郑州市的天气还真令人担忧，雾霾已持续了数日。到了12日，雾霾仍然很严重，天阴沉沉的，大家的心也阴沉沉的。13日，太阳终于露脸了，有风，轻度雾霾；14日，天空基本放晴；15日，天空很透，是北方冬日的那种净透，虽不见白云，但绝对称得上风和日丽。真长脸！这种少有的好天气一直持续到18日，每日的能见度都在10公里以上。

会议期间，郑东新区CBD周围实行交通管制，作为老百姓，我们无法到现场去体验那种氛围，但从电视上看到了一些画面，感觉还是挺高大上的，有点大都市的风范。新闻联播中有一组国务院总理李克强向各国领导人介绍郑东新区建设情况的镜头，他们站在如意湖岸边的栈台上，个个神采奕奕，精神饱满。总理说："我们所在的郑东新区，在开发前是一片荒地，经过十几年的建设和发展，如今这里已经成为集商业、金融、居住等功能为一体的百万级人口的城市，也是郑州乃至中原地区的中心商务区。"总理指出，"城镇化是中国最大的内需，中西部地区发展有巨大的潜力和回旋余地，我们将用改革的办法和创新的精神，遵循规律，推动以人为本的城镇的新型化，带动扩大有效需求，为促进中国经济中高速增长、迈向中高端水平注入强劲动力，也可以为深化各国合作提供新的机遇"。这话听起来多么有自信，多么豪迈！

是啊，总理应该感到自豪，郑东新区是他在河南任省委书记时力

▲ 会议场址夜色

推的项目，也是他在任时的众多战略思维结晶之一。当时我们单位承担了郑东新区水系的整体规划，提出了包括龙湖、龙子湖、如意湖、运河等在内的新区水环境、水景观系统。CBD中心的如意湖只是其中的一部分，但它是点睛之笔，也是建成最早的水景观。记得当时新区建设资金比较困难，2004年水系规划完成后，1000多万元的勘察费一直到不了位，新区管委会的领导曾开玩笑说拿土地来顶替，我们没有同意。一晃十几年过去了，时过境迁，物是人非，当时如果把1000多万元的勘察费换成土地不知是什么概念。

郑州缺水，郑东新区水系包含了流经郑州市区内的金水河、七里河、熊耳河、贾鲁河、魏河、东风渠，开挖了龙湖、龙子湖、如意湖以及后来增加的象湖和镜湖，构成了新区生态景观的灵魂。看到规划的项目一个个落地、郑东新区一步步崛起，我们感到自豪和高兴，特别是看到总理和外宾一道站在如意湖边共同欣赏发展成就时，更是心潮澎湃。

如意湖很美，郑东新区很美，期许的“上合蓝”更是给大家带来了几天好心情。据说会议开的很成功，成果也很丰硕。郑州人也自豪了一把，而很多普通百姓更高兴的是额外多出来的一个小长假。

2015年12月19日

注：“上合蓝”是人们对上海合作组织会议期间出现的蓝天的爱称，借用了今年9月3日阅兵期间出现的“阅兵蓝”和2014年11月北京召开APEC会议期间出现的“APEC蓝”称呼。

冬日阳光

阳光四季都有，但我最钟爱冬日的阳光。柔柔的，暖暖的，光线没有那么刺眼，光影微微泛黄，照在身上没有那种炙烤的感觉。尤其是坐在背风向阳的地方，能在寒冷的冬日里享受到一种特别的宁静和温馨。

喜欢冬日阳光是我小时候养成的一种习惯。豫西山区的农村没有暖气，冬天取暖靠火炉，燃柴。我小时候如此，现在依然未变。进入冬天，早晚时分每家都会在屋里生个火，一家人围坐在火炉边，或吃饭，或聊天，或什么都不干，只是静静地坐着取暖。烤烤手，烤烤脚，暖和了就站起来出去转转。一冬下来，因为抓冷水、烤火，手会皴掉，变得黝黑、粗糙。

一般上午10时后到下午4时前是晒太阳的好时间。寒气已消，阳光充足，人们会聚集在背风的南墙根或西墙根晒太阳。妇女们手上都会有针线活，或纳鞋底，或缝衣服，嘴里家长里短，手上飞针走线。男人们则会抱着个旱烟袋蹲在墙根，聊聊农事，说说闲话。不管家境如何，大家都显得很释然，很少有所抱怨。当然，这都是30多年前的

▲ 紫荆山梦溪园

事了。现在的情况有些变化，老人们还有晒太阳的习惯，年轻人则很少能够坐下来。

20年前母亲还住在山里，回家过年的那几天我会经常坐在院子里晒晒太阳。那种宁静悠闲的感觉特别好。有时候还会坐在太阳下面与邻居们玩上几圈麻将，输赢心里都高兴。

日沐阳光夜看星，天经地义。但今年的冬天能够见到太阳也成为一种奢侈。元旦以来半个多月，郑州市几乎天天都笼罩在雾霾中，灰蒙蒙、阴郁郁的，做个深呼吸都不敢。有时好像心都舒展不开，有一种抑郁之感。还好，这3天霾总算躲起来了，冬日又回到正常状态，阳光明媚。办公楼附近的公园里也恢复了往日的热闹，散步的、唱戏的、跳舞的、打牌的、晒太阳的，老的、少的都有。我也没错过这机会，中午上下班时一定会到公园里走上一两圈，尽情地享受一下这难得的阳光、温暖。

天气也会机缘巧合吗？去年这个时段的天气也是这样，记得去年元月20日那天我走过公园时还写了如下几句：

和着太阳

和着太阳，翩翩起舞，
和着太阳，放声歌唱，
和着太阳，闭目养神，
和着太阳，上班路上。
和着太阳，星转斗移，
和着太阳，辉煌沧桑，
和着太阳，青春年少，
和着太阳，两鬓染霜。
和着太阳，无常即常，
和着太阳，和着太阳！

看来，雾霾是不会轻易离开我们的，真要承受几年这种无常即常的日子了！

2016年1月15日

寒　流

大风一夜似笛鸣，强劲寒流北到东。

万树琼花无尽处，直将吴楚作燕京。

前天郑州下了入冬以来的第二场雪，虽然没有上次下得大，但气温要低得多，雪停后感觉挺冷。

昨天早上阳光明媚，气温很低，城市上空显得少有的干净。虽然没有云，但在一望无际的高楼边缘能够看到微微的紫光，连接着楼宇与天空，向穹顶延伸。颜色逐渐变化，由淡紫到浅蓝再到深蓝——真正的蓝天。中午起风了，估计得有6~7级，在高楼上听到的风声呜呜的，大有揭瓦断树之劲头。从窗户缝里钻进室内的风，吹在脚上凉飕飕的。

到室外转一圈，真是彻骨的寒冷，体感温度可能在零下15摄氏度左右。这在郑州并不多见。这次寒流很强劲，被媒体人称为“霸王级”寒流，从北到南，快速地扫了一遍。内蒙古境内的最低气温接近零下50摄氏度，北京低到30多年来罕见，安徽，浙江、福建、江西一带甚至下起了大到暴雪，温度也达到零下7~10摄氏度。湖北、湖南、

▲ 寒流后的早晨（郑州）

四川、重庆等地有中雪。广州昨夜下起了霰，今天中午变成了小雪，据说这是1949年以来的首次。

南方人可能也期待雪，但对这种寒冷却少有准备。记得2008年1月10日之后几天，我国发生了大范围雨雪冰冻天气，南方的安徽、江西、湖北、湖南、广西、四川和贵州等7省（区）遭受严重灾害，输电线路被压折、道路中断、房屋毁坏，直接经济损失超过1500亿元人民币。次年9月，我到井冈山学习时看到路边有成片的毛竹被折断，一问才知是那场大雪造成的。

也许是吸取了2008年雪灾的教训，也许是本次寒流持续的时间较短，还没有听说南方因雪严重至灾的报道，倒是有不少趣闻出现在网上，如：杭州灵峰塔踏雪寻梅；福建九仙山测风塔被冰封变身为九层“妖塔”；武汉五男子进行“致青春、洗涤心灵”雪中裸奔；彭州龙门山“猴哥”下山觅食；张家界上演冰雪钢管舞；等等。看来有不少南方人还是很喜欢这场雪。

春有百花冬有雪，这在北方是自然规律。习惯了北方生活的人每年还真期待能下几场雪，湿润一下干燥的空气。但南方下雪却是罕事，偶尔下一场会使人们有点措手不及。

这两天与我们纬度相近的美国东北部地区也在经历一场寒流，势头比我国的还要强劲，当地人称“怪兽级寒流”。伴随寒流，20多个州下起了大雪，首府华盛顿周围以及纽约州的积雪达到60厘米以上，肯塔基、阿肯色等州的局部地区积雪达到90厘米以上。据说造成我国和美国强大寒流的“祸首”相同，都是北极上空的极地涡旋，美国之所以更猛烈些，是因为产生于大西洋上空的冷空气北移，与北极极地涡旋南下的冷空气发生不利遭遇。

女儿所在的宾夕法尼亚州情况要好些，积雪只有约30厘米厚，不是太冷。她们年轻，并不惧怕寒冷，还约了几个同学到滑雪场滑了半天的新雪。视频聊天时她给我们讲起了滑雪的情景，虽然脸冻得红红的，但兴奋之情溢于言表。

今天早上起来，风减弱了许多，郑州依然阳光明媚、天蓝如海。虽然冷了点，但空气很好，与雾霾天相比，我更喜欢这种彻骨的冷。这也算有得有失吧！

2016年1月24日

生命脆弱

周四中午吃饭时，夫人说单位驻北京办事处的小杨昨晚脑干出血被送进了玄武医院，上午有人打电话问她算不算工伤。听后只是觉得有点意外，并没有多想。周五下午，同事告诉我小杨不行了，要拉回河南，我这才意识到问题严重，头一下子有点懵，觉得怎么可能呢。

我认识小杨将近20年，一直觉得他工作敬业、充满激情，为人真诚、待人谦和，怎么也想不到他会突然离去。

小杨今年只有49岁，育有一儿两女。两个大的已参加工作，小的还在上学。他老婆自主创业，办了个家政公司，规模还不小，我住的家属区的保洁就是她公司负责的。感觉他一家的生活刚刚走出艰难、小有成功，对生活还有很多期待。可惜人就这样走了。

周日遇到单位驻北京办事处的主任，又问了一下情况。他说小杨有高血压史，两年前自己把降压药停了。出事那天晚上，小杨10点多还开车到火车站送人，夜间12点多感觉头疼难忍，同事们叫了个救护车，赶紧送进玄武医院。他还说出事前小杨的母亲刚过世，在家守孝10多天，才上班4天，可能过于劳累，造成脑干出血，人就这样没了。

这是不到两个月内身边发生的第三例悲剧。腊月二十七，有个51岁的技术骨干猝死于洗浴中心。据说他当时有点感冒，想去洗浴中心泡个澡，解解乏好过年，结果泡澡时休克，一下子人就没了。

这个人我也比较熟悉，他大学毕业后一直在基层单位从事水土保持科研工作，经常在学术期刊上发表文章。3年前，作为人才他被引进到郑州的一家科研单位，应该说事业正处于上升期，基层积累的经验有助于他在科研工作中有更大的作为，可惜却没有了机会。

另一例与小杨的情况有点相似，也是位男性，年龄也是49岁。去世前他父亲病重住院，为了照顾老人，他在医院与单位之间奔波了20来天。由于劳累过度诱发心肌梗死，死于从医院回单位的公交车上。黑发人走在了白发人前。

三例悲剧，情况类似，均因心脑血管疾病致死，均与劳累过度相关。诱因可能都有不在乎或大意的成分。身边类似的情况还有，只是这3例发生的太集中了，让人感到震惊。真是：生命脆弱，需要呵护；本钱有限，不可透支。处于上有老下有小这个年龄段，生活和工作压力一般都比较大，一定要学会自我减压，不可一味地强撑。借用一句话，在生命与其他诸多责任和事情间，生命是“1”，其他均是“1”后面的那些“0”，“1”在，“0”才有意义，千万不能本末倒置，为了“0”而忽略了“1”的重要性。

愿逝者安息！愿大家能够从中汲取教训！

2016年3月13日

四月随想

四月应该是郑州一年中最好的季节，清明带走了春寒，白天的气温基本保持在20摄氏度以上，不冷不热。大多数人早上穿件夹克，中午穿件衬衣，有些年轻女子更是迫不及待地换上了裙装。而过了“五一”，气温通常会升到30摄氏度以上，进入漫长的夏季，直到9月中下旬才会再降下来。

其实，郑州的秋天也不错，但我更喜欢春天，喜欢那勃勃生机，喜欢那百花齐放，喜欢那使人心情放松的环境。

今年春天似乎与以往有所不同。进入3月，无意间发现公园里的花特别多，一波接着一波开。梨花、玉兰、桃花、海棠、樱花、紫荆、丁香，等等，争芳斗艳，热闹了一个多月。这一个多月里，微信圈里发的最多的是大家随手拍来的春色。到了4月，多数灌木类已落花挂果，牡丹、月季粉墨登场。牡丹是洛阳的骄傲，郑州自然不敢相争，但郑州的市花月季也十分艳丽。

4月的月季是一年里的第一季，新叶青翠欲滴，新花干净鲜艳。由于是市花，近些年政府在街道旁、公园里种植了很多，走在路上，

▲ 紫荆山街心花园

随处都可以看到。最美的当属街心花园里那嫁接在乔木冠上的月季，如悬在半空中的一个个花篮，高雅脱俗。

今年春天，好像全国各地的花都一下子多了起来，中央电视台曾有一段时间播报了不少郊游踏青的景点，多以不同的花海如梨花、桃花、樱花为题材。这从一个侧面说明人们开始重视生态环境、重视生态郊游，是个好现象。不过，种花种草可能是改善生态环境最容易做到也最容易见效的举措，像治理雾霾、治理水环境就没那么简单。譬如郑州，3月份的雾霾程度在全国大中城市中又排在第3位。印象中，过去一年多郑州市的雾霾排名几乎没有逃脱掉前10名的厄运，为此环保部还专门约谈过郑州市的主要领导。

市里的确加大了治理强度，从早到晚，街道上总能看到洒水车、清洗车，一遍一遍地喷洒，一遍一遍地清洗，但有点治标不治本，雾霾并没有离开我们，严重的空气污染几天就会出现一次。为什么？排放、扬尘、尾气这些产生雾霾的根源还没有得到有效遏制。

前段时间在飞机上俯瞰郑州，到处都是施工工地，施工扬尘很难有效控制。也许真要等到这些大拆大建完成后郑州才能永久性地摆脱雾霾，重见蓝天。再等多久？5年？10年？

郑州紧邻黄河，市区有发源于嵩山山脉的金水河、贾鲁河、双洎河等众多小型河流，南水北调中线穿市而过，可以说郑州市并不缺水源。但是很遗憾，郑州市的水系没有得到合理规划，也没有得到有效治理，小型河流缺水严重、污染严重。除流过市区中心地带的金水河和东区的运河外，其他河流不仅失去了生态功能，甚至有碍观瞻。

记得前几年河南省曾提出过打造碧水蓝天战略，好像也只是说说而已，几年过去了，并未看到太大的效果。最近听说郑州市“十三五”期间要决战公共交通、决战生态环境，又使大家燃起了希望。决战公共交通提出了明确目标，到2022年全市公共交通出行比例要达到75%~80%，其中，轨道交通要承担60%的公共交通任务，超越香港、新加坡，进入世界第一方阵。这是个宏大目标，但能感觉到市政府的决心。至于生态环境，好像还没有感觉到有什么举措，更不知道是否包括对水生态环境的治理。

今天到北京出差，天气特别好。晚饭后沿着运河走了2个多小时，深感郑州与首都相比，在城市管理上还有很大差距，还需要付出更大的努力。

2016年4月18日

雷　雨

早晨郑州迎来了今年的第一场雷雨，来的有点突然甚或令人意外。早上6时多遛狗时只是感觉天有点阴，没想到7时多却变得黑云压顶、风雨欲来。我约好8时要去看牙医，考虑到医院不好停车，一早起来就给自行车打好气，准备骑车去。7时20分下楼，看到云层移动的很快，伴有阵阵强风，感觉雷雨很快要来，但还是决定骑车去。没想到只骑了两三分钟，雷声就到了，接着就是黄豆大的雨点，打在身上、打在头上。无奈赶紧返回，驾车前往。

正如所料，医院门前堵的一塌糊涂，好不容易进了院子，却发现没有停车位，只好再绕出来，在远离医院的街道旁停了下来。也就半个小时的时间，路上已经集了很多水，有些地方甚至无法下脚。迟到了20多分钟，医生却很理解。看牙花了1个多小时，回家的路上又堵了1个多小时，就这样一个上午过去了。

来场春雨是好事，不少人为之激动，但堵车却不可避免。堵在路上时最爱听河南交通台，1个多小时听到最多的有两件事：某某路段严重拥堵；某地下大雨了。近些年郑州交通拥堵是家常便饭，尤其是遇到雨天，会堵的更厉害。思想上有准备，心里也就没那么焦急，尽管摇下车窗，享受一下雷雨后那清新湿润的空气。

这场雷雨来得急、去得快，但覆盖面积却很广。河南交通台里不时有车友在报告着各地的雨情。登封雷雨刚过，出太阳了；禹州正在下太阳雨；南阳雷雨很短暂，太阳出来了，很热；等等。看来喜欢这场雨的人还真不少。完全可以理解。今年春天河南很旱，很多地方都缺少春雨。郑州也只是在上个周六早上下了一阵小雨，这算是第二场。

近几年春雨少，雷雨更少，一年也遇不到几次。与20世纪80年代相比变化真的很大。印象中那时候的天气更活跃些、更善解人意，雷雨、阵雨说来就来，冬天还会下几场雪。现在却大不一样，一场雨、一场雪都能令人兴奋一阵子。

下雨是件好事，但对城市管理往往是一场检验和考验，特别是遇到暴雨，城市出现短暂内涝几乎各地都有、年年都有，郑州当然也不例外。不下雨天旱，下雨留不住水，这是大城市的通病，因为地表过度硬化已彻底改变了入渗和径流条件。近些年出现了“海绵城市”这个概念，实际上就是要纠正城市过度硬化造成的恶果，改善入渗条件、拉长集水时间，使更多的水留在地下并减轻内涝。很好的一个概念，希望郑州也能加快实施。

2016年4月23日

游历山

历山位于山西南部，是中条山山脉的一段，最高峰为舜王坪，海拔2358米。历山周边有垣曲、阳城、沁水、翼城等4县。过去由于交通不便，大家对这个景区了解的不多，我也是国庆节前才知道有这么个地方。

因为国庆节要去太原，我事先在网上搜了一下有关景点，发现绵山、历山都是不错的地方，决定返程时游览一下。

我们是从运城市去的历山。运城有通往河南省济源市的高速公路，经过垣曲县，在华峰出口下道，过古城镇，沿黄河支流沇西河进入历山镇。

古城镇坐落在黄河岸边，与南岸河南省的渑池县隔河相望。镇子规模很大，街道很长，乍一看还以为是垣曲老县城所在地，其实不然。古城镇过去曾是黄河上的一个重要码头，历史悠久，文化底蕴深厚，有原始文化遗址、夏商遗址等。小浪底水库建成后，这里形成了一个约40平方公里的水面，依山傍水，环境优美。

沇西河在古城镇东面汇入小浪底库区。沇西河河口地域宽阔，土

▲ 历山山脉

地平坦肥沃。沿沇西河上行，河谷渐窄，山势渐高。到了历山镇，基本上已进入山区。历山镇到历山景区舜王坪还有约40公里的山路，弯多坡陡，但景色很好。崇山峻岭，郁郁葱葱，感觉山势与相邻的王屋山相似。

中午时分，到达景区附近的小山村，在提前预订好的“舜乡农家乐”用午餐。很小的一个村子，但接待能力还可以，估计能同时接待四五百人。舜乡农家乐是个三层小楼，有20多个房间。一楼有餐厅，二楼平台很大，能放下十几张桌子。灶台在室外，一连串垒了5个，蒸、煮、炒分开，全烧柴火。老板有40来岁，看上去腼腆、厚道。据说，一个标准间一晚房费120元，四季同价，不分节假日。

午饭后上行3公里便是景区入口。游人已经在排队候车，看上去有三四百人。这个数量放在其他景区算不上什么，但在历山就显得有点集中。据说景区只有10辆交通车，每辆准载17人，来回一趟要半个多小时。一堆人站在那里，翘首以待那十几分钟才会出现一辆的交通车，心里都有点着急。还好，只等待了差不多1个小时，大家在埋怨声、拥挤声，甚至争吵声中一拨拨离去。很显然景区准备的不充分，但这样的景区经营起来确实困难。平时游客少，车多了顾不住成本，节假日游客一下子多了许多，车子明显不够用，影响游客的情绪。这是这种景点的尴尬所在。

约下午3时到达舜王坪。舜王坪是个亚高原草甸，面积约5000亩，传说是舜王躬耕的地方。舜是中华民族传说中的三皇五帝之一，据《史记》记载："舜生于蒲阪（今永济市），渔于获泽（今阳城县），耕于历山。"相传舜王当年曾在这里编制了黄河流域的物候历——《七十二候》，因此后人称此山为"历山"。

▲ 舜王坪

这么大规模的高原草甸在中原一带并不多见，很有点看头。草甸如同高山顶上的一个平台，地势相对平坦，植被以草本植物为主，夹杂着少量灌木。而其周围全是郁郁葱葱的崇山峻岭，居高临下，远山

▲ 败落的花草

近景尽收眼底。草甸海拔高，气温低，秋来的早，草已黄，花已败。但从枯草的高度、密度、品种等判断，夏季这里一定是草长莺飞、繁花似锦的地方。同行的朋友以前来过，极力推荐七八月份再来一次，说那个时候看到的是一片花海，犹如天宫飘落的地毯。

草甸很大，修有防腐木栈道，一圈走下来有七八公里。草甸的西南边很陡峭，放眼望去，峰峦叠翠，高低起伏，无尽的大山、无尽的绿。离开草甸，穿越森林，下行约3公里才能到达乘车点。林中树木种类颇多，以柞木为主，也有比较珍贵的油杉、领春木、连香树等。森林里已有秋意，不乏淡黄色或紫红色的秋叶。

▲ 高山秋色

下山时经过一道山岭，很奇特。岭两侧堆满了片石，面积有近千平方米，寸草不生，而片石的周围却是茂密的森林。片石中立有一块牌子，上面写着地质学家的疑惑："地震说？火山说？"至今还是个谜。直观感觉不是人为造成的。

疑惑中大家到了乘车点，时间已是傍晚，山上的游人已基本走完，有空车在等候。3个多小时的游览，看到的可能只是历山的一个侧面，但已经很满意。清代诗人张尔墉游历山时曾留下诗篇《登历山》："古帝躬耕处，千秋迹已迷。举头高山近，极目乱峰低。花开闻幽径，泉声过远溪。黄河遥人望，天际一虹霓。"相信他的感受更全面。

晚上住舜乡农家乐。小山村失去了往日的宁静，街道上生起了篝火，不少游客借着酒兴跳起了锅庄舞，院子里的卡拉OK更是热闹到晚上10时。在同行者的一再鼓动下，我唱了三首歌，从大家的掌声中能判断出唱的还不错，有游客多次问我是不是专业学美声的，看来效果还可以。

▲ 宁静中的喧嚣

清晨的山村很宁静，阳光从山顶徐徐滑向山腰。柿子树已落叶，红黄色的柿子在阳光照耀下显得特别温暖，给山里的秋天增添了丰收的喜庆。成群的乌鸦在沟谷里翻飞、鸣叫，宣告新一天的开始。而我们却要收拾行囊，踏上归程。

历山很美，明年夏天我也许再来。

2016年10月7日

岂有此理

中午下班时看到紫荆山立交桥下又有电动车相撞，刚刚发生，路过时听到小伙子说："我已经喊叫了，你怎么还撞我。"听起来蛮有道理，可前提是他逆行、斜插。被撞的是个年轻女子，车子前轮的泥瓦被撞破，后座上带的东西掉了一地。看上去女子挺委屈，我还真想说小伙子两句。

一闪念，算了，让他们自己理论吧。路上一直在想，明明是你小伙子逆行才发生了碰撞，为什么就不能下车说句道歉的话，把人家掉在地上的东西给捡起来呢？电动车相撞这种事见的多了，可像他这样振振有词的还是第一次遇到。

紫荆山立交桥是郑州市区最繁忙的立交桥之一，共三层，一层是个大转盘，周围有5个主干道加入。机动车、非机动车、行人特别多，尤其是上下班高峰期。由于转盘直径大，为抄近路，很多电动车会逆行，擦碰是常有的事。

据说郑州市的电动车保有量全世界第一，上下班高峰期主要路口常常是人潮涌动，电动车犹如洪流。近两年，"摩的"风行郑州，有

▲ 紫荆山桥下

不少人加入到这个低成本的营运队伍，不仅对出租车冲击很大，而且加重了道路压力。这可能是一部分人弥补生活所需的无奈之举，无可厚非，但要遵守交通规则。事实上，这部分人很多都不遵守交通规则，在道路上乱穿，在公交站旁、地铁口扎堆，给行人造成诸多不便。

看着这么多电动车，使人感觉到一个现代化的城市一下子变回了第三世界，有点像10年前我在越南首都河内看到的情况，但不同的是，他们更遵守交通规则，机动车会主动让行人和摩托车。

岂有此理的事还遇到过不少，这里列举一二。有一次，下班路上行人很多，后面一辆电动车一直在鸣笛，我没有让他，从我身边过去时骑车的小伙子吼了一声“你是聋子啊”，当时感到莫名其妙，我走的好好的为什么要给你让路。人行道上，凭什么行人要给你骑电动车的让路，何况人又那么多。

另一个例子发生在国庆节期间，在某景区排队候车时，有几个人要在我前面插队，我就提醒他们到后面排队去。几个人听了无动于衷，我就大声重复了一遍“到后面排队去”，没想到一个女的竟然回了我一句：“大家出来玩图个心情愉快，你叫什么叫。”真是怪了，你插队倒是有理了，你插队也许你心情愉快，可后面排队的人能心情愉快吗？真添堵。后来发现那几个人愣是从我后面插到了队伍里，大家基本上前后时间上的通勤车。

日常见到的不文明行为还有很多，譬如行人集体闯红灯，人行道上乱停车，老年代步车走机动车道，相识的多人并排在人行道上行走挡住其他行人，等等，不胜枚举。插队更是司空见惯，连乘坐飞机这种对号入座的出行都会有人着急。看来提高民众素质的路还很漫长。

2016年10月24日

头　雪

“雪是好雪，但风不正经！”这是21日上午中央气象台官方微博发的一句向北京市民道歉的话。有点卖萌，但引起不少围观。有人模仿此句式写道：“路是好路，但风不正经！”“雨是好雨，但风不正经！”也有人认为，风可以“不正经”，中央气象台不能不认真。

中央气象台这句调侃是针对暴雪爽约北京而发的。21日之前接连几天，中央气象台预报我国从北到南有一次强降温天气，预计北京的寒冷程度要创1992年以来同期最低，并伴有大到暴雪。气温是降下来了，但雪下的并不大。面对百姓的质疑，才有了“雪是好雪，但风不正经！”这句带有调侃性的解释。

郑州21日傍晚刮起了大风，风正经不正经我不知道，但雪还是如约而至。子夜开始飘起雪花，时紧时慢，时大时小，基本没有停，一直下到22日下午。

头场雪总会令人惊喜，而这么大的头场雪还有点令人惊讶。我的办公室在9楼，有个大阳台，正对着单位的广场，广场前面是高架路。一天下来，我数次站在阳台上赏雪，每次都会用手机拍上几张照片，基本上记录了一天的降雪过程。

我很享受降雪过程，大地沉静，空气清新，寒风蜇脸。当雪完全覆盖大地时，看到的是一片洁白，这时候的心是一点杂念都没有，站在阳台上仿佛一切都处于静止状态，连对面梧桐树顶上的乌鸦群也失去了往日的嘶躁，站在树梢上一动不动。

晚上下班时走得稍晚了一点，整个广场少有行人。雪停了，灯光照耀下的雪景看上去更加纯净、空寂，一种冷艳的美。这可能是最好的赏雪时候，也是最能体现雪景本性的时候。我绕着广场拍了一圈，直到手机被“冻死”。

头场雪再一次开启了冬天，又进入一年的收官时节。高兴也好，遗憾也罢，一切都在向前。

民俗说得好，“瑞雪兆丰年！”希望我们人生中的每个明年都是个丰年，不管你期待的是什么！

▲ 阳台赏雪

▲ 单位门前的雪景

2016年11月23日

冬至杂想

今天冬至，早上下了点小雨，天不太冷，有一点点湿润的感觉。

年年都有的一天，但今天有点不寻常。一场小雨，带走了一部分笼罩在城市上空三天不散的雾霾，呼吸稍微容易了一点。

这是今年冬天华北地区最严重的一场雾霾污染事件，从16日开始，19、20日达到高峰。涉及北京、天津、河北、河南、山东、山西、陕西大部以及辽宁、吉林、江苏、安徽少部分地区，笼罩面积超过140万平方千米，约占国土面积的1/7（有说188万平方千米，约占1/5）。PM2.5日均浓度达到重度及其以上污染的城市有108个（19日），达到“爆表”的城市有70多个。邯郸、安阳“爆表”连续时间超过20个小时，石家庄“爆表”时间超过10个小时，某监测点的PM2.5和PM10指数竟一度双双突破1000。

按空气污染指数划分，PM2.5达到每立方米250微克即为重度污染，超过这个值则为严重污染，达到每立方米500微克以上即视为“爆表”。如此说来，最近几天华北地区不少人都天天“沉浸”在重度和严重污染中，大家都在呼吸着浓重的空气。

雾霾与我们“为伍”已经多年，大气治理也不止一年两年了。2013年9月12日，国务院发布《大气污染防治行动计划》，提出经过五年努力，使全国空气质量总体改善，重污染天气大幅度减少；京津冀、长三角、珠三角等区域空气质量明显好转。力争再用五年或更长时间，逐步消除重污染天气，全国空气质量明显改善。

这是个令人振奋的计划，但直观感受告诉我，治理大气污染没那么容易。以我所在的城市郑州为例，2015年全年平均PM2.5为每立方米94.36微克，与2014年比升高了11%，在全国列入监测的376个城市中，年度排名倒数第11。今年1~11月，全国74座城市空气质量排名中，郑州市仅好于保定、石家庄、邢台、唐山、邯郸、衡水，排名倒数第7。2015年，全国376个城市中年平均PM2.5达标的只有85个，不足1/4。今年1~11月，全国338个地级以上城市大气平均优良天数比例为80.5%，同比提高了2.6个百分点，稍有改善，但很脆弱，可能这次严重的年终雾霾污染会改变这个结果。

是什么造成大气污染？因素很多，众说纷纭。我比较赞同工业化、城镇化进程贡献最大这个观点。经济快速发展必然要消耗大量的能源，尤其是化石能源，这是大气污染的主要产出端。城市的快速扩张则是另外一个重要因素，它不仅增加了污染产出，同时还削弱了大气的自净能力。高楼、道路代替了农田、草地、林地，雨水难以入渗，空气无法过滤，大自然涵养、自净链条被切断。如果上述原因成立，那么目前有些地方采取的治霾措施可谓本末倒置，自然难以见效。

2015年7月29日，郑州市因治霾不力被环保部约谈，之后市政府投入大量的人力物力进行治霾，市区内随时都能听到洒水车播放的《祝你生日快乐》《兰花草》或《致爱丽丝》钢琴曲等，可雾霾该来的时候还是来了，以至于很多人都调侃说“治霾还得靠风”。

▲ 郑州市（12月19日）

一场小雨把PM2.5降到了400以下，仍是重度污染，但感觉比昨天好多了。据说今夜有风，而今夜正好是一年中最长的一夜，猛烈地刮吧，那样明天早上我们会迎来几天都没有露脸的太阳。

2016年12月21日

夏至遐想

今天夏至，一年中最热的季节又开始了。夏至是一个重要的节气，微信上自然少不了相关内容。有人选了几首诗，我比较喜欢的有几句，如：韦应物的“高居念田里，苦热安可当”，白居易的“洛下麦秋月，江南梅雨天”，刘禹锡的“东边太阳西边雨，道是无晴却有晴”等，都是描写这个时节天气特点的佳作。

我对夏至略知一二，到网上搜了一下，长了不少知识。关于夏至的知识点起码有下面4个，一是夏至是二十四节气中最早被确定的一个节气。公元前7世纪，先人采用土圭测日影的方法确定了夏至。二是夏至是北半球全年白昼最长的一天，这一天太阳直射地面的位置达到一年的最北端，有“日北至，日长之至，日影短至”之说。三是夏至为北半球夏季的开始，虽然夏至过后北半球白昼渐短、正午太阳的高度渐低，但因太阳辐射到地面的热量比地面向空中散发的热量多，气温将继续上升。四是夏至后强对流天气增多，午后至傍晚常形成雷阵雨，北半球局地暴雨多发。

我最关心的是夏至以后地面热量持续聚集、逐渐进入“桑拿天”

一事。“桑拿天”是个形象比喻，在郑州一般指入伏之后的这段时间，特别是头伏和中伏期间。这段时间，感受到的热是令人难以喘息的热，离开空调一会儿就会汗流浃背。基温高，虽然早晚有温差，但最低气温一般也在30摄氏度上下，空气中似乎充满汗渍味。

年轻人也许觉得没什么，热了开空调不就行了。但年龄大些的人多数无法承受持续的空调降温，感觉不舒服。而对于有腰椎、颈椎、肩周毛病的人，吹空调更得小心。

我是个不怕冷的人，但对热的畏惧似乎在逐年增加，尤其是近几年，一到夏天总想着如何“躲避”。现在肯定不行，但退休以后呢？所以，近来不经意间就会考虑退休后回老家山里避暑的事。要回去长住，自然得有套房子。这成了个不大不小的难题。

▲ 老家的小溪

上个周末为此事还专程回去了一趟。同学说有人要卖房子，让我回去看看。房子的位置很不错，紧靠景区，集中供水、集中排污，但结构不合适，是按照农家宾馆的格式修建的，只能看看作罢。

在初中同学家住了一个晚上。宁静的环境、清新的空气、凉爽的夜晚更坚定了买房子的信念，但要买到合适的还需等待时机。同学很热心，答应继续帮我留意着点。

老家地处伏牛山区，村庄大多分布在海拔800米上下的山地上，森林覆盖率高达90%以上，除了道路、河流、村庄，基本上没有多少裸露的土地。海拔800米这个高度很适合度夏，中午温度高、有点热，但早晚温差却很大，夜间睡觉还需要盖一床薄被子。再者，老家一带没有任何厂矿，旅游、休闲、养老是未来的发展方向，不存在污染问题。除了良好的环境，交通已经很便利，卫生条件还会进一步改善。退休后回老家过夏天是不二选择。

昨晚中央电视台预报，今明两天郑州有阵雨和中雨，这是个好消息，起码可以短时降温，调节一下身体。希望暑天的午后、傍晚常有阵雨光临！

2017年6月21日

锡崖沟度周末

锡崖沟隶属山西省陵川县古郊乡，是古郊乡散落在王莽岭南侧的一个村落群，因王莽岭及其修建在悬崖绝壁上的“挂壁公路”而出名，游人颇多。锡崖沟海拔1100余米，植被覆盖率很高。据说，村前的溪水源自峭壁下的三眼清泉，常年流淌，水质极好。因气温低、水质好、无蚊虫，是避暑的好地方。一到夏天，会有不少外地来的老人在这里的农家度夏。有些人已是常客，每年都来，一住就是两三个月。

去年7月，朋友曾约我到锡崖沟避暑，后因暴雨而未成行。今年又想起此事，决定来度一个周末，享受一下这里的清凉。

其实2011年5月初我曾来过这里，那次是专程看王莽岭，事前并不知道锡崖沟。游览时路过锡崖沟，才知道有这么个村落，且属山西管辖而非河南。当时虽是走马观花地看了一下，但印象不错。时隔6年，环境变化很大。沟里建了不少农家宾馆，热闹了许多，来避暑的人可能比来旅游的人还要多。

来之前朋友已联系好住处，沟里面最靠山顶的一户人家，主人姓王。新建的二层小楼依山而立，有10多个房间。房后是陡崖，房前是

▲ 山水人家

公路，公路下面是几处老宅子。朋友住在老村长家，与我们住的地方相距约800米。

锡崖沟是个行政村，200来户居民散落在十多个自然村中。我们住的这个村叫马发里沟，原来有十余户人家。老宅子都在沟边，多为两层高的灰瓦房，墙体由当地的片石砌成，看起来很坚固。因为经营农家宾馆的需要，大家都在靠近路边的地方另盖了新房，老宅子多半已废弃，院子里一片荒芜。

到村子里转了转，石碾、石磨、石槽已无人问津，房前屋后的山楂树有一抱粗，花椒树、核桃树结满了果子，看来是个“大年”。坡边上有几棵杏树，杏儿个头硕大、颜色橙黄，正是吃的时候。与平原地区相比，由于海拔高、气温低，杏子至少晚熟了一个月。

我们上午10时多到达，转一圈后午饭已准备好。四菜一汤，一盆米饭。有凉拌野菜、炒豆角、香菇炒肉、山韭菜炒鸡蛋、黄瓜片蛋花汤。农家厨艺，算不上多可口，但吃得饱。标准是管吃管住，一天一人50元，很实惠。

午饭后休息了一下。窗后就是山林，知了声、鸟鸣声近在咫尺，由窗子吹进来的风带着一股淡淡的草香味。也许是太惬意了，竟然不愿入眠。和衣躺在床上，不凉不热，不燥不潮，一种超然的清爽。睡意被思绪驱走，上午看到的和现在听到的都在鼓励我写几句，但我知道接下来的一天还会有更多的感受。

下午4时去看赤焰峡和龙潭瀑，这是锡崖沟最著名的两个景点。赤焰峡又名女娲峡，俗称锡崖沟的大峡谷。谷深100多米，最宽处约100米，最窄处不足3米。起点在龙潭瀑下方，绵延约15千米。站在高处向下望，峭壁犹如丹霞，巍然直立；潺潺溪流不知从何方来、到何方去。这可能与观赏的位置有关，毕竟看到的只是峡谷的一个局部。

据说，每遇暴雨，峡谷内浊浪滚滚、涛声如雷，峡谷边千瀑竞泄、飞流入潭。这种壮观的场面去年曾出现过。去年7月19日，河南、河北、山西交界地带普降局地暴雨，锡崖沟村的降雨量高达341

▲ 赤焰峡

毫米，超过年降水量的一半，堪称特大暴雨。

据朋友讲，当时河水涨高了2米多，几吨重的石块顺着沟道向下游滚去，洪水退去，沟道里堆满了砂石。去年洪水留下的痕迹依然清晰可见，估计超过百年一遇。

今天午后也遇到了雷雨，但只是短短的一阵，没有形成洪水，自然也就看不到那可遇而不可求的情景。

龙潭瀑就在锡崖沟村边，是个天然瀑布，因深不可测，人称“龙潭”。但今天人们所看到的已不是过去的龙潭瀑。大约十年前，村里在瀑布的上游修了个小坝，抬高水位并将水流引到了沟道左侧的崖壁上，形成了一个落差更大的瀑布。虽然经过人工干预，但如果不仔细看仍有浑然天成之感。

龙潭瀑所处的位置是赤焰峡的上端头，两岸崖壁相距很近。瀑布对面崖壁上的观瀑平台有好几级，站在高度不同的平台上感受到的效

▲ 龙潭瀑

果很不同。从最上面的平台上俯瞰，有如临深渊之惧；站在最下一级平台上仰视，则有坐井观天之感；而站在中间两级平台上欣赏，感受到的好似缕缕银练，接天连地，静雅泰然。

次日，朋友还带我们到王莽岭的北侧看了古郊乡的板山村。是个古村落，石板石条垒成的房子散落在半山坡上，有些房顶的瓦已塌陷，窗户多已毁坏，只有几处房子还住着人。朋友曾经到过板山村两次，说有一座房子已有300多年历史，推荐我们进去看看。是个四合院，上房、厢房均为两层，看起来原主人应该是一个大户人家。

厢房的门头上有平开的木窗，窗棂已经腐烂，糊着报纸。室内搭有浮棚（类似于现在的吊顶），浮棚下面糊着很厚的报纸，与我老家20世纪七八十年代的情景相似，感觉很亲切。

男主人不在家，只有女主人和两个未成年的女孩。女主人约40来岁，看起来很精干。两个女儿长得乖巧水灵，年龄大一点的正在院子里洗衣服，小的听到我们的说话声后从屋里走了出来，坐在墙边。我们问了几句关于房子的事情，女主人对房子的历史并不了解，所以没有获得更多的信息。

除了看景，我和朋友聊了很多。朋友姓刘，是我同事的发小，大我几岁。我们之前并不相识。据同事讲，老刘是位兴趣广泛、执着而又很洒脱的人。两天下来，确有此感，尤其是他对黄河问题的关心已超出了很多专业人士的程度。

他供职于电业部门，但对水利充满兴趣和情怀。为了弄清楚一个问题，他会独自反复地跑现场。据说三峡他去了11趟，都江堰去了13趟，灵渠去了2趟，还有很多其他工程。聊天中他提到了黄河上的三门峡、小浪底、碛口等水利工程，提到了扎陵湖、鄂陵湖、黄土高原、渭河、黑河等问题。我已倾其所知，他仍意犹未尽。

老刘很健谈，给我们讲了不少有关锡崖沟的故事，其中就包括退

▲ 板山村的老井

伍回乡的老支书宋子龙带领锡崖沟人开凿“挂壁公路”一事。

锡崖沟位于王莽岭南侧，但隶属于北侧的山西省陵川县。由于大山阻隔，北出山西、南下河南是个祖祖辈辈都面临的难题。1962年，县政府给锡崖沟村拨款3000元，让修一条出山路。历经3年，只修了一条连毛驴车都难以通过的盘山小道。

1976年，锡崖沟村再次动员群众修路，又是3年，修成的路仍然无法通汽车。1982年，宋子龙担任民兵连长，扛起了修公路的大旗。这次他们制订了“依山就势、顺崖凿洞、盘旋而上”的方案，一干又是10年，终于在1992年修成了全长7.5公里的“挂壁公路”，彻底打通了与外界的通道。1995年，宋子龙被评为全国劳动模范。

1994年6月22日，《人民日报》头版头条曾以《一个几代人用血脉筋骨铸刻成的不朽丰碑——路》为标题，报道了锡崖沟村艰苦奋斗30年，在悬崖峭壁上用钢钎炮锤和双手凿路的事迹，赞扬锡崖沟人奏出了一曲现代愚公移山的慷慨悲歌。

其实，太行山本身就是远古神话传说《愚公移山》的发生地，

▲ 老刘的茶台

修建“挂壁公路”，锡崖沟人再次发扬光大了“愚公精神”。而与他们一样传承这种精神的还有辉县郭亮人、陵川陈家园人、平川虹梯关人、平川井底人、辉县回龙人、陵川昆山人，他们先后修成了郭亮、陈家园、虹梯关、井底、回龙和昆山“挂壁公路”，解决了世世代代出行难的问题，把巍巍太行的满目苍翠、气象万千、雄奇险峻献给了山外的人们，而同时也在奔小康的路上迈出了坚实的一步。

这个周末收获颇丰，期待着再次到锡崖沟、游王莽岭，再次与老刘聊天。最后，以一首七律结束本文。

锡崖沟度周末

避暑农家宿半山，蝉鸣鸟叫后窗前。
村边古树千年老，沟里清泉四季甜。
绝壁天坑披晓月，老屋石碾唤云天。
尘嚣自是他乡客，淡饭粗茶好入眠。

2017年7月3日

乘坐绿皮火车

十多年没有乘坐过硬卧车了。自从有了动车、特别是高铁以后，距郑州六七百公里的城市，如北京、西安、武汉、长沙等，火车几乎3个小时以内均可到达，不需要卧铺。而到更远一点的城市，一般都乘飞机。

今天从西宁到兰州，有机会体验一下硬卧，勾起了不少回忆。列车编号为Z106，由乌鲁木齐发往济南，区间运行时间为38小时30分，应该是趟直快列车。车厢的外部呈绿色，属于过去常称的“绿皮车”。

我们一行6人，从网上抢到了两张硬卧票，另外4个人买了站票。正值西北地区旅游旺季，又赶上大学开学，车票蛮紧张。车上有不少学生、小孩。一上车就能够感受到那种久违的亲切，满车厢都是方便面和火腿肠味，小孩们的喧闹声此起彼伏，过道里有点拥挤。车子已经行驶了一个晚上，叫卖营养早餐的乘务员在车厢间穿行，醒来的旅客在卧铺外的通道上或坐或站，拥抱新的一天。

我的铺位在最上面，艰难地爬上去后弓腰趴下，然后再转身躺下。这基本是个标准动作，因为上铺的空间太过低矮，无法直腰。躺下后环顾四周，中铺的人都出去了，下铺的人还在梦乡。

像我们这些经常出差的人，不仅亲眼见证了30多年来祖国铁路事业的飞速发展，也收获了很多令人难忘的经历。

1983年秋，我曾因公务去了趟南京。那是我参加工作后第一次出差，也是我第一次去南京。心情激动自不必言，但路途还是挺艰辛的，站了整整一夜。20世纪80年代还坐过几次火车，经历大体一样，基本上都是一路站着。记得有两次曾钻到座位下面，铺张报纸躺下。比站着要轻松些，但脚臭味实在难闻。

1994年春节前，我从美国回来，正赶上春运高峰。接我的人没有买到车票，我们只好拿着两张站台票挤上火车，站在两节车厢连接处的水池边。我已经在路上折腾了20多个小时，从北京到太原还得十多个小时，虽然心情激动，但感觉有点吃不消。接我的人很善解人意，不知道他是如何挤到列车长办公室的，也不知道他是如何说服列车长的，竟然同意我们到列车员休息室休息。车到石家庄站停靠十多分钟，我俩从站台上把行李由14车厢拖到了1车厢。时间足够，但由于行李过重、旅行箱老化，箱子上的滑轮都给拖掉了。不管怎样，有个坐的地方已很满足。

到了20世纪90年代中后期，列车提速，我的身份也变了，有了坐软卧的资格，出差变得轻松了许多。之后经常跑北京，坐的最多的是K179/180次列车。高铁开通之前，这是往返于郑州与北京之间最紧俏的一趟车，一张软卧票，睡上8个小时便到了目的地。单位办公室的同志一度曾和这趟车的列车长们混的很熟，几乎随时都能搞到车票。

自从有了高铁，郑州到北京的行车时间一下子缩短到3个小时左右，当日就可以跑个往返，K179/180于我们而言已成历史，而在北京过夜的机会也大为减少。

高铁还要提速，估计以后方圆一千公里以内的城市，出行会首选高铁，快捷舒服都有保障。

这趟短途只有1小时40分钟，兰州站就要到了。在车上“卧”了一会儿，坐了一会儿，回忆了一会儿，就此打住。

2017年8月23日

布里斯班之行

9月17日至20日，“第20届国际河流和环境流量大会”在澳大利亚布里斯班市举行，会议由国际水基金（International Water Foundation）主办，每年一次。按照近些年来的惯例，我所在的单位要派一个代表团参加，本次由我带队，一行7人参会。大家都是第一次前往澳大利亚，心情或多或少有些激动。

行程从郑州开始，经上海、悉尼到布里斯班，旅途持续了将近26个小时。但因时差只有2小时，并不感觉到累。

上海到悉尼乘坐的是东航班机，夜间12点多起飞，悉尼时间中午12点多到达，飞行约12个小时。从飞机上看，悉尼城市规模很大，海岸边到处都是街区，房子密度比较高。城市被太平洋环抱，风光秀丽。据资料，悉尼大都市区面积12144平方公里，人口约500万，分列世界宜居城市和最高生活水准城市前十名。

在悉尼入关，然后办理转机手续，3个小时后飞往布里斯班。感觉安检比国内和欧美国家都简单，也许澳洲远离其他大陆，安全形势较好。在机场转了转，商店不多，快餐店不少，没有抽烟室。

悉尼机场算得上一个大机场，有3条跑道、4个航站楼，其中客运3个、货运1个。航站楼环绕跑道布设，之间有摆渡大巴。每个航站楼都不大，感觉很方便。但机场吞吐能力却很大。

约3个小时后飞布里斯班，起飞后先沿太平洋飞行，然后进入内陆区。通过舷窗可以看到很多半岛，水域广阔，植被茂盛，房舍密布，很有魅力。

大约1小时10分钟后到达布里斯班，同样是一个位于海边的城市。河流和水道从不同方向伸向太平洋，飞机掠过大片的红树林后进入跑道，并稳稳地着陆。机场距市中心约15千米，我们本打算叫3辆出租车进城，调度人员却建议叫一辆“Maxi”。这是出租车的一种，相当于面包车，可以乘坐9人。我是第一次听说，不知如何翻译。

预定的是一家公寓酒店，我和一个同事住进了一个两居室，家具、家电齐全，可以做饭。室内布局很紧凑，但室外的半露天露台却特别大，估计得有50平方米。露台上放着一张防腐木制作的桌子，桌面呈六边形，上面放有烟灰缸，周围有6把由同样材质制作的折叠式靠椅。我一看就喜欢上了，多好一个休闲聊天的地方。

入住后已是傍晚7时，准备找个地方吃饭。因为不知道周边的环境，在路上问了两个亚洲人。他们说他们是香港来的，也要去吃饭，建议就到酒店对过的越南餐馆，说那里的饭菜和中国的差不多。建议被采纳，7个人点了十个菜，要了几瓶啤酒和两瓶澳洲红酒。菜还算可口，红酒质量不错。正好在路上折腾了一天一夜，有点累，几杯酒下肚后感觉轻松了许多。

在布里斯班待了3天，除参加会议，傍晚曾两次到布里斯班的南岸公园和市政中心走了走，算是来过一次。行程很短，任务很明确，对当地的风土人情、名胜美景知之甚少，能够记述的只有些许感受。

一是澳大利亚对抽烟有严格的要求。对于抽烟人来说，这总是第一感受。悉尼机场、布里斯班机场都禁烟，布里斯班城区所有的公共场所也都不允许抽烟。从会议须知上了解到，室外抽烟也有严格规定，必须是指定场所，而这些指定场所又必须离开公共建筑5米以外。市政中心有条步行街，虽然露天的廊道很宽敞，但整条街都禁烟。

二是入境只允许携带40支香烟。入关表上要求申报是否携带酒和香烟，我如实填写了“是”。结果入关时被询问了一番，方知只允许携带40支香烟的规定。工作人员给我看了一张征税表，如果携带一条，则需要缴纳154澳元的关税，否则必须丢弃超出规定的部分。我问了一下澳洲的烟价，他说一盒要30多澳元。考虑要停留4天，觉得还是缴税划算。踌躇间看到另外几个中国人遇到了同样的问题。他们一行4人，得知要缴税后其中一人从箱子里拿出了一条苏烟，准备扔掉。没想到另一个工作人员却接了过去，拆开后给每人分了两盒，我也得到了两盒。他显然是误把我们当成一伙的了。

我觉得工作人员对我有所关照。因为一开始交谈时他曾抱怨澳洲

▲ 南岸公园夜景

▲ 露台上的早晨

烟卖得太贵，他把烟戒了。也许是惺惺相惜的缘故，当我拿了两百澳元准备缴税时他却示意我先装起来，看着另外一位工作人员处理完那4个人的烟后，他却对我说你可以走了。这分明是在装糊涂，我也跟着糊涂了一下。出了关，我就把那两盒苏烟还给了同胞。

三是城市很干净，布里斯班河很美丽。布里斯班会展中心就在南岸公园附近，而南岸公园与市政中心隔河相望，中间由维多利亚大桥连接。建筑沿河岸展开，比较密集。步行街位于市政中心，两边分布着众多商店，行人熙熙攘攘。南岸公园曾是1988年举办世博会的场地，周边有现代美术馆、表演艺术中心、图书馆、游船码头和渡船码头等。在这里可以登上游船，沿布里斯班河观赏市区风光。可惜这次没有时间游览。

布里斯班河是这个城市的灵魂，犹如一条明亮的飘带，蜿蜒曲折，穿越城区，进入南太平洋。布里斯班机场和国际海港就坐落在布里斯班河河口。据说，布里斯班之名源于殖民时代的新南威尔士殖民区总督官托马斯·麦克都格·布里斯班的名字，当年发现这条河流后便以他的名字命名，而这座城市也因河流而得名。

四是城市很安静，有安全感。在这里住了4个晚上，公寓的露台是我最喜欢的地方，每天早晨和晚上都会在露台上坐一阵子，抽根烟，喝杯茶，数数星星，看看晨曦，感觉到一种少有的宁静。这里乌鸦很多，个头不是太大，声音不太低沉，而且不怕人。几乎每天早晨我都被露台上的乌鸦给吵醒。除了乌鸦，还有一些叫不上名字的水鸟，在街边的树梢上盘旋、栖息。白天街上行人较多，有不少亚洲面孔，大家相互都挺友好，没有感觉到不适，也没有感觉到不安全。

开了3天会，从宾馆到会议中心来回走了几趟，见闻不多。但感觉这个城市值得再来。

2017年9月24日

新年回眸

元旦连休3天，天气还算可以，微风，气温较高，雾霾没有去年那么重，适宜外出。我没有出远门，上下午到家门口的公园转转，中午和夫人一起做个饭，享受了几天安静、清闲的慢节奏生活。

回想过去一年，过的很充实，考察、调研、河长制督导成为年度工作的一个重要方面。走了不少地方，看了不少东西，写了几万字的随笔，有不少感悟。

防洪安全、滩区民生、高原生态、河道管理是调研考察的主线，先后调研了东平湖滞洪区、长平（长清、平阴）滩区、河南黄河滩区、黄河大北干流河道、无定河“7·26”暴雨洪水；考察了黄河上游水电站和光伏电站、黄河支流祖厉河与清水河水土保持及生态修复等；三次到青海、甘肃督导河长制，涉及湟水、黑河、山丹河、讨赖河、渭河支流耤河、黄河支流隆务河等。有不少地方我是第一次去，如甘肃的嘉峪关、天水、会宁、静宁，青海的贵德、尖扎、同仁，宁夏的海原、同心等，从人文历史、地理地貌、环境生态等方面补了些课，感觉每个地方都有不少令人感叹的悠久历史和独特文化。

▲ 嘉峪关

譬如嘉峪关市。嘉峪关市地处河西走廊中部戈壁腹地，南依祁连，北靠黑山，讨赖河穿城而过，是个很有名的地方。嘉峪关素有“天下第一雄关”“边陲钥匙”之称，是明代万里长城的西起点，比山海关早建9年，距今已645年。明代之前，嘉峪关已是古“丝绸之路”之要冲、兵家征战的古战场。1958年，国家“一五”重点项目——“酒泉钢铁公司”在嘉峪关成立，1971年经国务院批准嘉峪关成为甘肃省省辖市。可以说嘉峪关市是因铁而生，依水而建，据关得名。

除“雄关”“酒钢”外，嘉峪关市的环境也给我留下了深刻印象。城里看不到电线杆，人均公园绿地面积36平方米，人均水域面积28.6平方米。据说20世纪50年代规划建城初始，就考虑到所有管线走地下，这在全国应该是首例。一个没有一排排电线杆和乱麻一团的电线的城市看上去自然会整洁许多。

最近十几年，嘉峪关市围绕建设“生态宜居、湖光山色、戈壁明珠”的立城目标，依据地理环境，做好做活做巧水文章，先后修建了20余座人工湖、110余处公共绿地。全市水域面积698万平方米，城区绿化覆盖率达到39%，实现了市民出门不到1公里就可以享受公共绿地的目标。这在北方城市并不多见。能够获得国家园林城市、全国文明城市称号，可谓实至名归。2009年吴邦国委员长视察嘉峪关东湖生态园区时曾题写“湖光山色，戈壁明珠”八个字，赞誉嘉峪关的生态建设成就。

嘉峪关的变化是颠覆性的，如果不是亲眼目睹，大家的印象可能还停留在“春风不度玉门关”的凄凉意境之中。

譬如同仁县。同仁县古称“热贡”“榆谷”。据记载，汉元鼎五年（公元前112年）先零羌进入大、小榆谷，开始在这里牧居。大、小榆谷为古地名，大概在今青海省藏南自治州黄河以南部分地区，曾是个土地肥美、水草茂盛的地方。这里也是“热贡艺术”发祥地、著名的藏族画家之乡、青海省唯一的一座国家历史文化名城。

同仁县县城与黄南藏族自治州州府均设在隆务镇，沿隆务河两侧分布，呈南北长条状。隆务河是黄河的一级支流，发源于黄南山地夏德日山，全长156.8公里。源头海拔4482米，上游段称曲玛日河，进入同仁县后称隆务河，因隆务镇而得名。“热贡”藏语意为“金色谷地”，指的就是隆务河谷地。热贡地区包括青海同仁、泽库两个县，东临甘肃夏河县。藏传佛教格鲁派著名寺院拉卜楞寺就在夏河县境内，热贡地区的宗教文化与拉卜楞寺有着紧密的联系。热贡地区最有

▲ 同仁吾屯寺

名的寺院——隆务寺坐落在隆务镇的西山脚下，其规模、地位和影响在安多藏区仅次于拉卜楞寺和塔尔寺。

河流是文明的纽带，河流交汇的地方往往是文化很丰富的地方，隆务河河谷便是一个典型的例子。

又譬如会宁。据资料记载，会宁自古以来都是交通要塞、军事重地，素有“秦陇锁钥”之称。早在5000年前的新石器时代，境内就有人类生息繁衍。2100多年前，汉武帝设祖厉县，后经多次变革，至西魏废帝二年（公元553年）置会州会宁县，距今已1400余年。

现代史上，会宁最有名的事件当属红军会师。1936年10月8日，中国工农红军一、二、四方面军在会宁会师，结束了两万五千里长征，开启了中国革命的新征程，会宁由此闻名中外。据说红军会师前毛泽东主席已到过会宁，当时曾感慨地说：“会宁好地名，好地名啊。红军会师，中国安宁。”

如今，会师旧址建有会师广场和会宁红军长征纪念馆，广场的大门上书写有毛泽东主席的这句话，而广场外侧的围栏上悬挂有“共和国从这里走来”八个大字。这是会宁人的骄傲，也是全国人民的骄傲。“红军会师，中国安宁”，是中华民族百年复兴梦中事关全局的一步。

▲会　宁

再譬如东平湖。东平湖我查勘过不止一次，但只有这次我认真阅读了有关史料。东平湖是古代大野泽、梁山泊演变后的残迹，《水浒传》中八百里水泊的唯一遗存水域。它北与黄河连通，西邻京杭大运河，东接发源于沂蒙山区沂源县的大汶河，曾是漕运的重要枢纽。

据史料记载，大野泽古代由济水（四渎之一）所汇而成。隋唐以前，大野泽从现在的巨野城向北一直延伸到现在的梁山县，南北300余里，东西100余里。五代以后，由于黄河屡屡决口入侵大野泽，致使泽面淤积萎缩，逐渐干涸，最终形成了环绕梁山的梁山泊。

南宋建炎二年（公元1128年），开封留守杜充决黄河“以阻金兵”，开启了黄河长时期南泛夺淮河的历史。之后黄河南流720余年，直至1855年铜瓦厢决口后走大清河入渤海方告终结。由于黄河南徙，梁山泊水源枯竭，湖面曾一度缩小。但金、元时期，南流入淮的黄河会时而决溢北泛，梁山泊水面也时大时小，并因黄河泥沙沉积而变浅。明代后期，黄河长期入淮河，河道比较稳定，梁山泊逐渐消失，昔日广袤的湖区只留下几个小湖泊，湖区大部分开垦为农田。1949年后，东平湖被确定为黄河自然滞洪区。

由大野泽演变到东平湖，折射出的是黄河的历史变迁、人类活动的影响、战争的创伤等等。

一年走了不少地方，收获颇丰，上面只列举二三。

2017年元旦我曾写过一个短篇，当时借用了“要么看书，要么走路，心灵和身体总得有一个在路上”这句话来表达新一年的愿望。回头看，2017年路走得还算可以，但书读得少了点。2018年继续努力！

2018年1月1日

春　天

今年春天有两大感受比以往更明显，一个是“千里莺啼绿映红”，另一个是“春眠不觉晓”。前者反映的是社会变化，后者应该是一种生理反应。按常理，50多岁的人，随着年龄的增长睡眠会有所减少，不应该有“春眠不觉晓”之状，但今年却不一样，总有点睡不够的感觉，或者说想多躺一会儿的意念。可能是身体在变化，也可能是心态在变化，兴许两者都有，尚需观察。

至于“千里莺啼绿映红”则是今年春天的切身感受。近些年喜欢徒步，与自然界接触多，似乎每日都能觉察到春天的脚步。从“岸上莺枝日渐黄，街头少女换轻装”到“三天园外客，一树玉兰花”；从“初绽海棠如少女，芳容端丽不妖娆”到“春水绿，菜花黄”，春天从正月走到了二月，我也从北方走到了南方，真切地感受到人间处处皆春色。

我工作和生活在闹市区，附近有一条人工河和一个公园，近几年环境改善了不少。过去对春的感受基本上是梨花白、桃花红、垂柳绿，这两年不一样。花一下子多了起来，像什么榆叶梅、美人梅、紫叶李、碧桃、垂丝海棠、木瓜海棠、西府海棠、玉兰、樱花、紫荆花、丁香花等，这些过去在郑州不常听说的花也随处可见。一个月的时间内次第开放，不断给人以惊喜。尤其是最近几天，郑州的气温保持在20至30摄氏度之间，加之前期比较及时的春雨，花儿一天一个样，真可谓春色满园，感觉生活绚烂了许多。盛开的鲜花不仅给人们带来视觉盛宴，也丰富了大家对花的认知。

▲ 木瓜海棠

上周因公务去了趟南方，在上海、杭州、台州逗留了几天。正是“柳醉春烟”“燕啄春泥”的季节，再次感受到南方春天那种春风无痕、春雨如酥的意境。乘高速列车从上海到台州，途经嘉兴、杭州、绍兴、宁波、奉化等地，旅途只有3个小时，但车窗外的春色却让我目不暇接。河湖渠塘春水绿，青山隐隐菜花黄，好一派江南水乡之美。从“千里莺啼绿映红”这个角度看，江南已不再独领风骚，南北似在趋同，但南方那种“绿水人家绕”“空翠湿人衣”的意境在北方还很稀罕。去年大概同一季节我曾在苏州住过几天，当时曾写到“绿水绕城廓，鹭鸶动竹林。阴晴随天意，夜雨不扰心”，算是我对苏州3月的认识，今年的3月之行更加深了我对江南水乡的印象。

自然界的春天每年都会如期到访人间，值得珍惜、值得赞美，但我们更应该庆幸和珍惜祖国发展迎来的春天。建设富强民主文明和谐美丽社会主义现代化强国是中华民族的百年梦想，是几代人为之奋斗的目标。我们正走在春天的大道上，当应挥洒汗水、浇灌心血，乘东风推动中华民族伟大复兴梦想的实现！

2018年3月27日

"三月三，祭轩辕"

丽日祥云三月三，八千后裔祭轩辕。
五洲共筑复兴梦，四海同歌五千年。
蓝眼黑发性相近，琴棋书画根相连。
三山五岳皆胜地，儒释道法多妙玄。
万众一心昌国运，天人相向护本源。
祈福社稷千秋固，华夏文明世代传。

这是4月19日我写的一首诗。4月18日是农历三月三，戊戌年黄帝故里拜祖大典在河南省新郑市举行，来自40多个国家和地区的华人华侨、商会、基金会、宗亲会、同乡会、客家人联合会等代表出席了此次拜祖大典，嘉宾近万人。参加的领导有：全国政协副主席王正伟，原十届全国人大常委会副委员长、中华炎黄文化研究会会长许嘉璐，原十一届全国人大常委会副委员长桑国卫；中国国民党前副主席蒋孝严，各民主党派中央和全国工商联领导，河南省委书记王国生、省长陈润儿，郑州市领导等。许嘉璐担任主拜人，议程9项，分别是：盛世礼炮、敬献花篮、净手上香、行施拜礼、恭读拜文、高唱颂歌、乐

▲ 拜祖大典现场

舞敬拜、祈福中华、天地人和。大典持续约1小时10分钟，最后在祥和与兴奋中结束。

大典除新郑市主会场外，还在中国香港、澳门、台湾和美国旧金山、澳大利亚悉尼、加拿大温哥华设立了6个分会场，异地参与这场盛大活动。据说黄帝故里拜祖大典是“全球最具影响力的十大根亲文化盛事”，每年都会有众多政要、商贾、港澳台同胞名流云集新郑，共参拜祖盛事。

我有幸第一次代表单位参加拜祖大典活动，亲眼目睹、亲身感受了这场盛事，并向我们共同的祖先深深地鞠了三个躬。感觉这场活动特有仪式感、尊严感和自豪感。

相传三月三是黄帝的诞辰日，中原地区有“二月二，龙抬头；三月三，祭轩辕”的说法。据《易经》《史记》《山海经》等记载，轩辕黄帝故里在今河南省新郑市，春秋时代就有登新郑具茨山朝拜黄帝的记载，唐代以后渐成规制。从2000年开始，新郑市每年都要举办拜祖大典，2006年这项重要活动升格为“黄帝故里拜祖大典”，2008年国务院确定新郑黄帝拜祖大典为第一批国家级非物质文化遗产扩展项目。

农历三月三，古称上巳节，为祭祖日，也是祓禊的日子，即春浴日，是举行“祓除畔浴”活动中最重要的节日，通过到河边洗濯而消弭致病因素。《论语》：“暮春者，春服既成，冠者五六人，童子六七人，浴乎沂，风乎舞兮，咏而归”便是对当时情形的记述。

▲ 天地人和

上巳节又称女儿节、情人节，据《周礼·地官·媒氏》记载："仲春之月，令会男女，于是时也，奔者不禁。"到了魏晋时代，上巳节逐渐演化为皇室贵族、公卿大臣、文人雅士们举办流水宴饮、曲水流觞的一项重要习俗。历史上最著名的一次"曲水流觞"活动要算王羲之与其友在会稽山举行的兰亭之会，大家饮酒赋诗，王羲之挥毫作序，留下被后人誉为"天下第一行书"的《兰亭集序》。

据说宋代以后，上巳风俗渐渐衰弱，时至今日，可能有很多人已不知道这个节日（还有花朝节、中元节、下元节等）。

一次隆重而盛大的拜祖大典，不仅使我穿越时空感受到中华民族的威仪和尊严，也使我对中华文明的源远流长、绚丽多彩充满了自豪和自信，谨以开篇的古体诗记之。

2018年4月21日

礼让行人

单位门前是郑州市区的一条主干道——金水路，20多年前修了一座三层立交桥，横亘于马路中央，行人过马路则需要从桥下穿过，与桥的一层和二层正交，很不方便，也很危险。穿行处有斑马线，但来往车辆却很少让人。有些从二层下来的车辆到此还会故意加速，丝毫没有礼让行人的意思。大概两个月前这里曾发生过一场悲剧，从桥上下来的车撞倒了行人，造成一死一伤。

近日郑州市在进行交通治理，斑马线重新画了一遍，并在线前喷写了四个大字——“礼让行人”。今天中午上下班经过了两次，感觉大多数司机注意到了这个变化，行至斑马线前会减速或停车让行人通过。自己被让时还有一点点感动，给司机树了个大拇指。

其实车辆在斑马线前让行人是件理所应当的事，在欧美国家司空见惯，早已成为习惯。国内有些城市做得也不错，例如杭州。今年3月我曾去过一趟杭州，在那里待了两天。除了初春的景色美丽、气候宜人外，印象最深的就是斑马线前车辆礼让行人。一开始还有点不太习惯，后来发现公交车几乎无一例外地礼让行人。出于感动，一看到公交车停下，自己会箭步冲过马路。据说，杭州的这个习惯形成于2016年G20峰会之前，估计下了不少功夫。比较而言，北京做的就不那么好，各种重大国际会议不知举办了多少次，2008年还举办了奥运会，可斑马线前让行人这个习惯始终没有形成。希望郑州的这次治理能够长效，最终形成一种良好的习惯。

近日郑州交通治理的另一个重点是重要路口非机动车闯红灯和逆行，紫荆山立交桥下便是一处。这是我上下班必经之路，几年下来练就了一身在车流、人流中穿行的本事，但有时还是有一丝丝危险的感觉，特别是那些安装有雨棚的电动车从你身边飞驰而过时，总觉得雨棚的边沿要划到自己的脖子或脸，会下意识地躲闪一下。

上周开始，路口多了很多警察，停扣拉人的老年代步车，逼回逆行的电动车。大部分人很配合，警察一吆喝就主动掉头，但也有不

▲ 上班路上

听招呼的。曾看到一个女士就不听招呼，警察跟着她跑了几步后把她的车钥匙给拔了，她仍倔强地推着车子逆行，嘴里还骂警察“神经病”。看到这种情景，心里真没有同情之感。

郑州交通秩序乱应该很有名气，电动车保有量恐怕也是全世界第一。闯红灯、逆行是家常便饭。而相邻城市洛阳做的要好得多。前年去洛阳时我还留意观察了一下，行人基本上不闯红灯。据说这与每年一度的牡丹节有关，几十年下来，人们已经养成了良好习惯。

郑州市正在向大都市行列迈进，人口膨胀、GDP快速增长，基础设施不断改善，希望人们综合素质的提高也能够跟上时代的步伐！

2018年7月23日

路长制

2016年10月11日，习近平总书记主持会议，审议通过了《关于全面推行河长制的意见》。11月28日，中办、国办联合印发了《关于全面推进河长制的意见的通知》。从此在全国开启了一项新的重大制度建设。

2017年元旦，习近平总书记在新年贺词中特别强调："每条河流要有'河长'了"，这是对全世界的庄严宣告，也是对全国人民的郑重承诺。随后，河长制建设全面推行。我还于2017年先后两次到青海、甘肃进行过督导。

河长制实施两年多来，有些河流的生态环境有所改善，管理水平也在不断提升。特别是利用现代信息和物联网技术，使河流的状况以及违法行为能够得到广泛感知，对提高民众参与度、落实责任起到了很好的推动作用。但也有一些地方没有把事情抓实，郑州恐怕就是一例。譬如，东西方向贯通市区的金水河就没有落实好河长制，公示牌没有像其他地方那样公示河长的电话，发现问题无法及时反映。去年夏季下雨时还存在偷排污水现象，站在河堤上就能闻到臭味。作为流经市中心的一条景观河，脏乱差的问题还没有解决，其他河流状况如何可想而知。

郑州市比较缺水，但穿过市区的大小河流及人工运河也有八九条，又紧邻黄河，具备建设城市水网的条件。十多年前，我所在的单位曾经给郑州市做过一个城市水资源综合利用规划，并经市人大常委会表决全票通过。后因种种原因，规划实施的不好。最近几年，郑州市对贾鲁河进行治理，规划也是我原来所在的单位做的，起点很高，融历史、文化、生态、景观、休闲等于一体，是一项城市品位提升工程，也是一项惠民工程。目前治理工程还没有完工，估计投资在百亿元以上。

十几年过去了，总感觉郑州市在解决水的问题上缺乏整体性、系统性、连续性，没有做到统筹考虑、规划引领、系统治理、分步实施，存在重视新区、轻视老区，重视观瞻、轻视源头和实效的现象，管理不到位。

随着河长制的推行，国家还建立了湖长制，对全国1.4万个湖泊（含人工湖泊）设立省、市、县、乡四级湖长。一时间，“×长制”好像成了解决综合问题的“灵丹妙药”，各地纷纷效仿。今年3月，郑州市开始实行“路长制”，并出台了《郑州市“路长制”工作导则（试行）》，要求以“绣花精神”管理城市。

《导则》明确“路长制”的工作目标为：全面提高城市精细化管理服务水平，打造安全、整洁、有序、文明的城市环境，不断满足人民日益增长的美好生活需要。工作标准为实现“五化”，即美化设施力促城市优美靓丽，净化环境力促城市整洁清新，亮化街道力促城市流光溢彩，绿化环境力促城市生态宜居，文化建设力促城市融入文化元素。“路长制”实行奖惩、访谈、问责、问政制度，路段治理分为良好、优秀、卓越和极致四个等级。月考核前两名的分别给予区级财政1000万元和500万元的奖励，月考核倒数第二名的对区级财政扣款500万元，月考核倒数第一名的对区级财政扣款1000万元，并对落后单位进行访谈、问责、问政。看得出，郑州市在实行“路长制”上下的决心比河长制要大。

▲ 美化过的窨井盖

“路长制”实施以来确实能看到大家的努力，譬如：用高压水枪清洗人行道、护栏；用假树皮、树叶裹护热力管道；给窨井盖、路沿石刷漆；在临街围墙上涂刷反映城市变化、城市文明的宣传画；等等，不一而足。这些努力应该肯定，但也有值得思考的地方，譬如：治本与治标，资源分配不均，浪费水资源，可持续性，等等。实际上，郑州市城市管理有几个大事没有解决好，一是街道路面问题。有不少小街道、老街道道路失修问题普遍存在，应该好好解决。二是积水问题。路面不平，排水不畅，逢雨必积水的问题普遍存在，应该好好解决。三是人行道、非机动车道容量不足问题。市区人口密度大，电动车保有量高，行路难普遍存在，应该好好解决。四是城市资源投放不均衡问题。与新区相比，对老市区的基础设施改造投入明显偏少，忽视了一部分人的权益。

站在不同的角度，可能会有不同的感受，城市该如何建设不能只是几个人说了算，领导们还应该多听听老百姓的意见。

2019年3月30日

开门办公

办公楼临马路，而且是郑州市南北向的主干道——金水大道，自然是车水马龙，一天到晚都很吵闹。关起门窗噪音会小些，但我喜欢开着南阳台上的门，这样空气南北对流，室内的烟味会随风飘走。

我习惯开门办公，已经这样做了20多年。开门办公有两大理由，其一还是为了减轻室内的烟味。我的办公室在会议室旁边，只要一有会，我这里便成了抽烟室，觉得和我很熟悉的人，会议期间总会来转转，说几句闲话，抽根烟。我觉得挺好，没有被打扰的感觉。

同一层还有另外两个班子成员，也抽烟。如果早上都在食堂吃饭，到办公楼后三个人会一起先到我屋里抽根烟，说是“开会”。最近几天“开会”的人只剩下两个，另一个手术住院，估计出院后他不会再抽了。

前两天去医院看他，为了活跃气氛，我给他递了根烟，他会意地笑了笑，说：“没事，继续抽吧，医生说这病跟抽烟没关系。”在医院不能抽烟，大家都知道这是个玩笑。但他说他的病跟抽烟没有关系，是给自己宽心，好像也是在提醒我。也许我也该把烟戒了。

其实，周边抽烟的人越来越少，有些认识多年的老烟民也戒了，其中有一个同事戒得很突然也很成功。我曾问过他为什么，他说：“看了一本叫《轻松戒烟法》的书，看完就戒了，很容易。”这本书我几年前就买了，当时也是听几个戒烟的朋友介绍的。买的是原著，书名为《The Easy Way To Stop Smoking》，作者艾伦·卡尔（Allen Carr），英国人。据说1985年该书出版后很受欢迎，多次再版，截至2008年已有1000多万人读过此书并戒烟。买到书后我只看了一半，没有感到它的神奇之处，就放下了，烟自然没有戒掉。也许需要重新读一下这本书。

今天天气很好，阳光灿烂，春风习习，通往阳台的门照常开着。对马路上车子的声音已经习惯，好像没听到似的，但街对面有门店开业，敲了一个上午的锣鼓，听起来有点吵闹。不过这是春天的锣鼓声，在盎然春意中飘荡，有股子向上的气氛。祝店家生意兴隆！祝同事早日康复！

2019年4月2日

清明节

清明节又称踏青节、行清节、三月节、祭祖节，是个兼具自然与人文两大内涵的节日。清明本身是二十四节气中的一个，期在仲春与暮春之交。这一时节，阳升阴衰，万物“吐故纳新”，大地呈现春和景明之像，正是踏青郊游与行清祭扫的好时段。所以说，清明节兼具自然与人文两大内涵，既是节气又是节日。

清明节源自上古时代的春祭活动，是中华民族最隆重盛大的祭祖大节，属于礼敬祖先、慎终追远，凝聚民族精神、传承中华文明的传统节日。清明节在历史发展中融合了寒食节禁火、冷食与上巳节郊游等习俗，在宋元时期定型。

寒食节起源于上古时代的“禁火”与“改火”旧习，即《周礼》所谓“仲春以木铎修火禁于国中”，体现的是人类对火的敬畏、对大自然的尊重。每当仲春季节，气候干燥，易发火灾，古人在这个季节要举行隆重的祭祀活动，把上一年的火种全部熄灭，即为“禁火”。然后食用冷食直至“改火”。“改火”是在“禁火”一段时间后重新以钻燧的方式取得新火，作为新一年生产与生活起点，恢复正常的熟食生活。历史上，“禁火”与“改火”中间相隔的时间要求不等，据《后汉书》记载，最初的寒食节时间长达105天，到了汉代，很多地方禁火时间为一个月，唐代则改为三天。宋元时期，清明节取代了寒食节，人们摒弃了冷食习俗。关于寒食节，还有一个传说，认为此节是在春秋时代为纪念晋国忠义之臣介之推而设立的，显然这与“禁火”有关，沾边，但不准确。

上巳节也是一个古老的节日。古代以“干支”纪日，三月上旬的第一个巳日谓之“上巳”。魏晋以后，上巳节固定为每年的阴历三月初三。是日，人们要到水边举行“祓除畔浴”活动，洗濯去垢，消除不祥，称为祓禊。此后上巳节又增加了祭祀宴饮、曲水流觞等活动，使上巳节成为仲春时节的一大节日。《论语》中“浴乎沂，风乎舞雩，咏而归”，既是上巳风俗。

上巳节留下的稀世珍品还有《兰亭序》。东晋永和九年（公元353年）的农历三月初三，阳光明媚，和风习习，四十二位东晋名流，应东道主王羲之的邀请聚会于兰亭，举行曲水流觞活动。四十二位名流饮酒赋诗三十七首，结集为《兰亭集》。作为一代书法大师和那次活动的东道主，王羲之借着几分醉意，乘兴挥毫，一气呵成，写下了名闻天下的《兰亭集序》（简称《兰亭序》）。《兰亭序》记述了当时“曲水流觞”的情景，抒发了王羲之本人对宇宙、社会和人生的感慨，既是一篇文笔优美的小文，更成为一篇后代书法家无法企及的艺术极品。一千六百余年过去了，人们对于《兰亭序》仍顶礼膜拜，上巳节的一些习俗也传承至今。

上古时期形成的寒食节禁火习俗有道理，如今不再禁火冷食，但防火的意识和行动却不能丢弃，否则便会留下惨痛的教训。今年清明节前后，国内就发生了多起令人痛心的火灾，如：3月14日、3月29日发生在山西沁源县的森林火灾，3月30日发生在北京密云的森林火灾，3月30日发生在四川凉山木里的森林火灾，4月7日发生在四川冕宁县的森林火灾等。其中，3月14日的沁源火灾造成6名消防战士遇难，3月30日的木里火灾造成30名救火人员牺牲。4月4日，四川木里火灾牺牲烈士追悼会在凉山州西昌市举行，数万民众挥泪送别，使多少人沉浸在悲痛之中，哀祈英雄们一路走好！

我老家一般在正月初三或二月二祭扫，多数人家没有清明节扫墓的习俗，但在这个时节对先人的追思却从未或缺，今年清明我还写了四句：四月东风香满径，大江南北祭先灵。漫天柳絮如心雨，未忘恩德未忘情。

上巳节曲水流觞这个雅兴早已不复存在，但清明前后郊游踏青却很流行，尤其是2008年国家把“清明节”作为法定节假日后，三天的小长假几乎成了春游的代名词，很多人会选择出行郊野。这个季节，气候景色确实好，江南已是草长莺飞、红瘦绿肥，中原也已“烟柳飞轻絮，风榆落小钱”。天气不冷不热，若逢如酥夜雨，则更增加几分情调。

▲ 故乡的山水（2017年清明）

每年这个时节我都会安排到近郊游玩，看花开花落，听莺啼燕语。清明节回乡省亲踏青更是一年少不了的一项活动。2016年回乡踏青，无意中了解到了影视节目《魂系登山》《青山脚下先锋赞》和《春风吹绿浑春河》的故事发生地和原型人物，认识了20世纪中期汝阳山村农民为改善生存条件而创造的“登山精神”，并写了《意外收获》一文；2017年春游北汝河上游，使我萌生了回乡养老的念头，并写下了“农家一路邻春水，春水弯弯自远山。若有山前田半亩，乐得归隐到乡间”的感想；2018年回乡，使我看到了北汝河汝阳县城段环境的变化，写下了《清明节见闻》一文，深感乡愁乡恋从未走远，一草一木都愿亲近，特别是在这“气清景明，万物皆显”的时节，感觉更为强烈。今年我本未打算回乡，结果在假日的最后一天还是到山里走了一趟。虽然山还没有完全变绿，但那种清新的空气和静谧的环境仍令我难以割舍。

人人都有割舍不去的乡愁乡恋，清明小长假无疑会使这种乡愁乡恋变得更加清晰、强烈，中华文明便是在这种割舍不去的乡愁乡恋中得以代代传承！

2019年4月7日

霜落天河秋色好

今天到青天河看红叶，惦记几年的事总算实现。

青天河是丹河上的一座水库，大坝位于河南省博爱县寨豁乡，库区面积106平方千米，大部分在博爱县境内，库尾在山西泽州县柳树口镇。水库建于20世纪90年代，原名为“红旗水库”。

青天河景区冠有世界地质公园、国家重点风景名胜区、国家5A级旅游区、太行山国家级猕猴自然保护区等称号，是河南省最具魅力的十佳风景名胜区之一。区内主要景点包括天井关、大泉湖、三姑泉、观音峡、佛耳峡、靳家岭等。20世纪90年代末，我曾经和几家人游览过一次青天河，这是第二次，印象很好。

整个景区的精华是大泉湖，其实就是青天河水库。这是一个峡谷型水库。由于太行山那独有的巍峨挺拔，坐船沿大泉湖而行有种坐井观天之感。谷幽峡深，峰峦高耸，山回水转，烟霞九曲。太行山特有的地质构造和地貌，使山体本身就带有很突出的层次感。适逢暮秋，层林尽染，如行走于画廊之间。有人称青天河为“北方三峡”，形神也许有相似之处。

▲ 青天河

这样的峡谷型水库河南省境内并不多，2016年竣工的河口村水库算是另一个。河口村水库位于沁河最后一个峡谷的出口处，地处济源市境内，在青天河水库的西边，相距直线距离约30千米。因同属于太行山山脉，库区的地形地貌很相似。今年6月我曾乘船进入过河口村库区，感觉比青天河要开阔些。就我所见，青天河应该是河南省境内最美的峡谷型水库，没有之一。

上次游青天河时值五一，山里还比较冷，树木刚长出嫩叶。乘坐的是敞开式大篷船，比较简陋。当时景区还没有命名的景点。到达水库末端后，大家下船沿着一条支沟（应该是今天的观音峡）走了走，沟里石头很大、很多，除此之外，没有其他特别深的印象。

那时的青天河还不是5A级旅游区，服务设施几乎没有。记得沟边有几家用彩条布搭起来的饭铺，卖些粉皮、捞面、水饺一类的简餐。我们看上了一家卖野韭菜素饺子的，要了七八份。小生意，只有一个人在包，等半天才能上一盘。孩子们都嚷着饿，我们只好自己下手，一人擀皮、数人包、一人煮。速度快多了，也增加了很多乐趣。后来又有几位游客要吃饺子，一看我们那架势，只能悻悻而去。这是那次游览记忆最深的一件事。今日的景区服务设施已很完善。土路变油路，大篷船换成了游览船，有了宾馆，有了电瓶车，还建了库区通往靳家岭的索道。

这次主要是看红叶，所以靳家岭一定要去。过去看到过一些照片，知道靳家岭的红叶有名，但总是错过时机，有些遗憾。

据介绍，从库区到靳家岭步道约2300米，由3000多级台阶和山道连接，走上去大约需要2个小时。我们选择乘索道上、步行下，可以节省点时间和力气。

太行山地貌有台地特点，青天河库区到靳家岭有明显的两级，高

▲ 青天河

▲ 靳家岭

程从500余米上升到1200余米。从船上看，一级台地以下坡面相对较缓，沟岭相间，山坳间有寺庙和零星的老房子。一级台地以上，山体直立，峭壁上少有植物，岩体呈灰白色。靳家岭就在二级台地上面，由三道主岭构成，坡面较缓，植被茂盛。

靳家岭的红叶几乎全是黄栌叶，这也是河南大部分山区所能看到的红叶。说是红叶，其实有些为橙色。黄栌叶在霜降前后转红，持续时间约半个月。早期红黄绿夹杂，有湿润感。后期全红时叶子看上去很干燥，且页面上多有黑色斑点。不宜近看，主要是看气势。靳家岭的红叶就很有气势。居高临下，目之所及全为红叶，如同火海，与天际线相连。这是我第一次看到这么有气势的红叶。

今年的霜降是10月24日，刚过去3天，应该是红叶最好看的时候。天气挺好，气温接近20摄氏度，淡云无风。站在海拔1200多米高的岭上，更有种秋高气爽的感觉。赏红叶的人很多，最亮眼的是中老年妇女，三五成群，花枝招展，舞动丝巾，摆着各种Pose，她拍的、

▲ 靳家岭红叶

自拍的都有。三个女人一台戏，今天不知有多少台戏。有人说女人比男人长寿的重要因素之一就是她们更喜欢在一起闲聊，更放得开、放得下，可能有些道理。她们也许更会调理生活，更能大胆地去追求快乐。从这个角度讲，我这一天过得和她们一样！

下山走步道。确实很陡，特别是二级台地到一级台地间那一段，几乎全是台阶。沿途遇到不少上山的人，大家问的最多的一句话就是“离山顶还有多远”，看来爬上去还真不容易。我们是下行，又刚赏过红叶，心情自然不一样，也就一个小时的功夫便又到了河边。

不虚此行。真是：霜落天河秋色好，一湖碧水半坡霞。九曲日日清如许，红叶年年染靳家！

2019年10月27日

母校情深

今年是新中国成立70周年，也是我们这一届大学生入校40周年。

金秋9月，收到母校的呼唤，情真意切地邀请1979年入校的同学于11月23日回校相聚，共叙同窗情谊。从那一刻起，我的心里便陡增了对东湖碧波和珞珈山花的惦念，期盼着相聚那一天的到来。也是从那一天起，同学微信群变得空前活跃，相互问好的、打听情况的、回忆往事的、相互调侃的，不一而足。每一条信息带来的都是一股亲切感和真实感，珞珈山下的朗朗书声，东湖岸边的矫健身影，又逐渐变得清晰起来，一切都仿佛发生在昨天。

人一生中能够幸福地回忆一辈子的事情可能不多，大学四年经历却随着岁月的流逝变得越来越珍贵、越来越难忘。特别是改革开放初期的那几届大学生，对机会的渴求、对知识的渴望可谓空前绝后，能够在那个年代迈进大学，无疑是娇子，是幸运儿，更是一群“饥饿”的青年。这批人见证了20世纪六七十年代中国的乱状、贫困和落后，赶上了改革开放的历史转折，参与了中国建设现代化的伟大事业，也分享了祖国繁荣富强的成果和喜悦。我们是：历史的见证者，时代的弄潮儿，国家的栋梁！

40个春秋，人生最重要的一段时光，从青年到暮年，大家走过了一个成长、成熟的过程，要回忆、分享的事情很多，大学四年无疑是最难忘的集体记忆。

▲ 大学毕业照

40年前我们怀着各种各样的憧憬来到珞珈山下，40年后我们又怀着难以忘怀的情愫聚集东湖岸边。大家要说的很多。

11月22日报到，预定的宾馆在洪山广场附近。我下午4点多钟到达宾馆，武汉籍的同学已经安排好一切。洪山广场是个很熟悉的地名，大学时期无数次路过这里，曾经的僻静山水如今高楼林立，认不出来了。同学们相见如故，握手言欢，一股暖流瞬间涌向心田。

晚宴安排在东湖名胜区内的亚洲棋院，环境幽静，夜色柔美。一段长长的湖堤漫步使大家想起了不少往事。这是武汉同学们的精心安排，据说为选点他们花了一天的时间。

晚宴在范北林同学的主持下开始，武汉大学原副校长、师兄谈教授和水电学院副院长陈教授发表了热情洋溢的致辞，老班长吕衡、李明代表同学祝酒。老同学相聚，没有太多的客套，在几杯洋酒和烧酒的催化下，气氛很快就进入了高潮。叙旧是主题，几首曾经流行的校园歌曲把大家又带回到那个单纯可爱、激情四射的年代。

▲ 入校40周年合影

聚会前，武汉的一位同学曾邀请我写一首诗，由她朗诵。我按吩咐填了两首词，其中一首是《江城子·同窗再相会》：

珞珈山下起歌声。似春风。绕霓虹。曲曲亲切、直使眼潮红。身在天涯常忆旧，何难忘？四年情。

东湖碧水映青峰。浪花轻。鸟争鸣。多少云霞、你我共相迎。今夜一别多保重，余生路，放轻松。

我俩一起朗诵了一遍，引起不少同学们的共鸣。

22日晚上学校没有统一安排活动，各系自主组织叙旧晚餐。相信院系不同，氛围相似，一定都是觥筹交错，欢声笑语。

23日上午，79级入校40周年纪念活动在武汉大学梅园小操场举行。1000多人汇聚一起，教授、博导、总裁、董事长、总工程师、院长……都穿上了蓝色运动服，胸前印着“武汉大学”四个字，别一枚紫铜色的校徽。不同的职业、不同的称呼在这里不复存在，大家都是武大校友、珞珈学子。26个院系，26面旗子，1000多张充满喜悦的面孔，使周末的梅园小操场呈现出一种不同寻常的气氛。

“刚柔相济就是武大树魂，说刚，他不畏强权，不畏艰险，勇于向上，勇于攀登；说柔，他善于同其他树木相依相存，善于从各个角落汲取养分，善于生存在任何地方。”伴随着脍炙人口的诗朗诵——《武大的树》，纪念大会正式拉开帷幕。

武汉大学党委书记韩进代表学校致辞，他说：“在我看来，79级无疑是武大最为优秀的校友群体之一，你们是那个年代走出来的最有理想、最有担当、最有情怀、最有才干的一批武大人。”

▲ 79级入校40周年纪念大会（一）

79级经济系校友、泰康保险集团董事长兼首席执行官陈东升回忆说，当年在学校，喜欢跟珞珈山的草木对话，觉得武大的一草一木都有鲜活的生命，“武大四年，奠定了我的理想、价值观，打下了坚实的知识基础，所以永远感谢母校！珞珈山就是我们永恒的情人，我们永远爱她，永远放在心里不能忘怀！”东升说出了校友们的心声。是啊，珞珈山、东湖是我们四年大学生活中最重要的伴侣，大树下、草丛旁、东湖边，我们撒下了多少欢乐的笑声！

珞珈山的名字出自闻一多先生。珞，是坚硬的石头，珈是女子的饰物，一刚一柔。而生长在珞珈山上的树，树干坚硬挺拔，树叶摇曳婆娑，也是一刚一柔。刚柔相济，这就是武大人的性格。

▲ 79级入校40周年纪念大会（二）

上善若水，水利万物而不争，这是武大水利人的格言。79级水建及施工系校友程德虎说，毕业30多年，我跋山涉水、栉风沐雨，有幸参加了国之重器三峡工程、南水北调工程的规划设计和建设……这要感谢学校给予的良好学习环境以及老师教授的理论知识。武大水利人对推动中国水利事业的发展做出了应有的贡献！

校友的感言很多，充满着怀旧、感恩、自豪、骄傲。为79级校友特别制作的专题片《春潮》再现了当年的青葱岁月、求知时光，原武汉大学校长刘道玉在影片中强调，“这40年，是人生创业的黄金时代，79级的校友中，涌现了许多杰出的人才，各位校友在各自的岗位上做出了卓越的贡献。”这是对那个年代的莘莘学子所取得的成就的诚恳评价。

艺术学院同学们为79级校友献上的文艺节目，精彩纷呈，美轮美奂；26个校友代表依次挥舞着各自院系的大旗登台言志，用掷地有声的箴言展示了不同学科的风采，赢得了场下此起彼伏的喝彩。“东湖之滨，珞珈山下，这是我们亲爱的学堂。百年沧桑，弘毅自强，根

▲ 同学合影

▲ 观看文艺节目

深叶茂育桃李，满园芬芳……”校友们和着悠扬的旋律，一起唱起了《武汉大学校歌》，气氛在这一刻达到顶点，纪念活动也由梅园小操场移到了九一二操场。操场上，1000多人围成了一个直径很大的圆，随着摄影师的口令，大家灿烂的笑脸定格在那一刻。这是我参加过的人数最多的一张合影，对武汉大学的记忆又增添了一个难忘的瞬间。

“大学的记忆，一半属于食堂。”对当时一个月只供给31斤粮票的男同学来说，这句话一点也不夸张。记得有同学曾为饱餐一顿打过赌，曾为一份宵夜帮过厨，甚至曾为饭菜分量不足跟师傅拌过嘴。为了让大家重温青春记忆，午饭安排在学生食堂。同样是学生食堂，今天的条件要好得多，但熟悉的环境仍能勾起不少往事。

23日下午各院系自由活动，傍晚统一乘游轮观赏武汉长江夜景。下午7时大家从汉口粤汉码头登船，半小时自助餐后游船起航，从长江二桥逆流而上，过长江大桥后折返。这一段是长江武汉段的精华，武汉旅游的新名片。游船缓缓驶过汉口江滩、武汉关钟楼、龙王庙、龟山电视塔、长江大桥、汉阳江滩、黄鹤楼等地标，两岸的夜色赏心

▲ 夜游武汉长江

悦目，令人陶醉。霓虹灯色彩斑斓，高楼绚丽多姿，大都市在宁静中展现出她美轮美奂的一面。

站在甲板上，江风拂面，些许有点凉，但大家的心是火热的，情绪是亢奋的。一张张合影，一段段故事，延续着40年的同学情谊。真可谓：霓虹闪烁天连水，楼宇随山岸上移。冬夜江风春夜暖，笑声起落是今昔。

非常兴奋的一天，非常圆满的一天。“亲爱的校友，不管时隔多久，不管身在何方，我们永远都是珞珈的少年！”愿大家身体健康，万事如意！期待着再次相会！

2019年11月24日

期　待

腊月十一。元旦不知不觉过去了，腊八也不知不觉过去了，很快就是春节。总觉得这个冬天少了点什么，寒流？雾霾？雪？

昨天到公园转了一圈，发现腊梅初绽，黄色的花骨朵，黄色的小花，躲在不显眼的角落里。也许是没有雪的过，看上去并不那么高洁，倒是有点混迹芳尘之嫌。我对梅花了解不多，印象中黄色的腊梅先开，红色的要晚些，红色的好像总和雪相伴而来。也许不是这样，是我自己的认知有问题，或许更是一种偏好。大地银装素裹，无边银白中有那么几点红，给人一种清新向上、不畏严寒的感觉，自然会联想到“梅花香自苦寒来”“不同桃李混芳尘”这些名句。

雾霾，冬日的老朋友了。不过这个冬天没有那么狂妄，虽也经常见面，但“厚重度”亦非昔日，PM2.5很少突破每立方米300微克。据河南省生态环境厅数据，2019年全省年平均PM2.5为每立方米59微克、PM10为每立方米96微克，完成国家及省定年度治理目标，较2018年有些微改善。尽管与去年比数据变化不太大，但感觉改善不少，主要体现在重度污染和严重污染的天数明显减少。虽说有改善，但河南仍有安阳、焦作、洛阳、郑州、新乡等5个城市落入全国城市空气质量排名后20名，与周边的山东、河北情况相近。看来，治霾的路还很长。比较而言，北京进步很快，2019年的空气质量为7年来最好。

寒流，这个冬天还基本没有遇到。1月9日将进入“三九”，最冷的天马上到来。俗话说“干冬湿年下”，春节前后也许会有一场寒流。

雪，今天早上终于盼来了。雨夹雪，先雨后雪，一阵后变成雨夹雪。温度不够低，雪下的一点气势都没有。一会儿又变成了小雨。预报山西、豫北等地有雪，郑州只挨了个边，估计也就点个卯。即便如此，也值得高兴，这个冬天太干燥了。

期待着一场大雪，期待着雪中的红梅，也期待着春节的到来！

2020年1月5日

该多一点勇气

单位门口是市里最繁忙的东西向主干道，紫荆山立交桥快车道（三层）由西向东横亘于门前的干道中间；二层从不远处延伸下来，落地后贴着三层的快车道的桥基向前。由于受高架桥影响，快车道外侧只有一条机动车道。

后来为缓解交通压力，在行道树和人行道之间开辟了一条窄窄的车道，长度不足200米，两头渐变加入机动车道。一直以来，这条窄车道上机动车、电动车、自行车混行，相安无事。

最近两个月，总有几个警察站在窄车道的末端，专门整治秩序。凡是从窄车道过来的电动车一律拦下，给开个罚单，理由是走了机动车道。罚了两个月，好像效果不佳，还是有很多不明就里的人继续走窄车道。

对于罚款，骑车人多有不满或不解，路人多有非议，我也愤愤不平。既然骑车的人不能走窄车道，为什么不安排一个警察站在前端疏导一下，非要三四个人“守株待兔”开罚单。或者，为什么不给市政上反映一下，再开辟一个非机动车道。其实，旁边的人行道足够宽，开个非机动车道行人也更安全。

这些想法一直耿耿于怀，几次想给警察说却没有说，缺乏点勇气，甚或有多一事不如少一事的心态。是不是很多路人都这样？

2020年1月10日

周末杂想

在中央财经委第五次会议上，习近平总书记发表了重要讲话，从国家战略全局高度，对北京等十大中心城市的定位和使命担当提出了新要求、赋予了新内涵。郑州入围十大中心城市，在国家战略全局中地位重要、责任重大。

日前，郑州市委书记徐立毅主持召开专家学者座谈会，听取大家对郑州建设国家中心城市、加快形成更高水平的高质量发展区域增长极的意见和建议。我有幸参加，收获颇大。

专家来自高校院所、研究咨询机构，有些曾担任过政府和部门的重要职务，阅历丰富、专有所长，对全国中心城市的有关情况了如指掌。结合各自熟悉和擅长的领域，他们分析了郑州市的特色、优势和劣势，就深化改革创新、优化营商环境、增强文化引领、谋划民生实事、推动国际化发展和进一步提升城市经济和人口承载力等话题建言献策。

由于阅历和专业所限，我听得多、说得少。专家的建言献策中有不少真知灼见，也列举了不少郑州市明显的短板，譬如，教育研究、科技创新、高端产业、虹吸效应、城市品位、文化底蕴等。当时有人还举了个例子，说西安的一位河南籍人士，听说郑州市这些年发展的不错，特意回来转了两天，最后的印象是规模扩大了不少，但品位还有很大差距。不是当事人，不好评价他的印象准确与否，但郑州市市政管理水平确有提升空间。这里列举二三。

其一，道路不平。郑州市老城区道路不平随处可见，最典型的问题是一下雨就积水，哪怕是一场小雨。如果你经常走路，你会发现只要一下雨路就难走。积水不深，但足以湿鞋，你得绕着水坑走。如果遇到个汽车或电动车，你得躲着，否则会溅你一身泥水。

其二，人行道常修常坏。近几年郑州市对部分人行道进行了翻修，铺上了红砖。红砖渗水效果好，不易积水。走起来感觉也好。但问题是铺砖时土没夯实，一场雨后有些地方就开始塌陷，出现坑洼，有些砖会碎掉。其实这个问题很容易解决，遗憾的是，少有人过问，任其毁坏。去年郑州市实行路长制，卫生搞的不错，但对于人行道经常塌陷毁坏的事也应该重视。

其三，道路分配不合理。郑州市是一个人口密集型城市，尤其是老城区，行人、非机动车很多。重要路段上下班时人流、车流如织。有些主要干道的部分路段没有自行车和电动车道，骑车人与机动车、行人混行是常有的事。交警时不时会开展治理，办法主要是罚，很少在疏导上做文章，缺乏解决问题的有效规划。

其四，信号灯设置不合理。信号灯是保障交通秩序和交通安全的重要设施，但通行时间设置要合理，否则会降低通行效率。过去技术不发达，红绿灯变换的时间缺乏系统考虑，现在靠信息技术完全可以做到。而现实是，在很多路段你从一个绿灯出发，按照规定速度行驶，到下一个信号灯便遇到红灯，造成人为的不畅。目前个别主干道做的较好，如花园路，如果在第一个路口赶上绿灯，一般能连续经过三到四个路口，号称“小绿波”。现在南方沿海有些城市靠“智慧交通”能做到实时疏导，缓解繁忙路段的交通拥堵，郑州差距还不小。

前两个问题主要是监理、监督不到位造成的，只管修了或补了，不管平不平、实不实。后两个问题的根源在管理，缺乏合理规划，管理理念落后，不重视技术进步等。归根结底，还是责任心的问题。

当然还有市民素质和习惯问题，譬如，行人闯红灯的还比较多，机动车抢斑马线随处可见。行人闯红灯有两种典型，一种是只管闯，看上去挺危险，但对交通影响不大。这种闯者多数为年轻人。另一种是渐进式的闯，一点一点往前挪，闯不过去就站在路中间，阻碍交通。这类人多数为老年人。有时真想不通，有啥急事？至于机动车遇斑马线让行人，公交车基本能做到，其他车辆的司机意识还很淡薄，有些甚至到了斑马线一点都不减速，与行人抢道。

作为一位市民，当然希望自己的城市能够加快发展，全面发展，高质量发展，成为名副其实的国家中心城市。细微之处不可忽视，否则品位、底蕴上不去！

2020年1月12日

看冰挂

腊月二十四，大雾，重度雾霾。

考虑到是鼠年春节前的最后一个周六，昨晚我约了个朋友，计划登始祖山，作为对猪年的告别。

约定早上8点钟出发。我6点多起床，洗漱完毕后泡了壶茶，翻看了一下微信。圈里有个群叫“天行健登山队”，昨天通知要去新密市的九亩地买土猪肉。这是他们每年春节前必做的一件事，说那里的土猪肉好吃。我跟着同事参与过几次他们的活动，听说过九亩地这个地方。今天同事有公务，不去。我与他们不太熟悉，不愿意一个人参加，只好另约朋友登始祖山。

7点过后，天比以往黑。7点半天仍未亮，才发现大雾。楼下不远处的立交桥若隐若现，能见度很低。此时，天行健登山队的群里发布了消息：

“大雾，能见度不足100米，高速全关闭。”

“还去吗？”

“去，走省道。”

▲ 静谧的山村

“好勒，大家小心，注意安全！买猪肉了！”

看到这些信息，我有点纠结。去还是不去？考虑片刻，我给朋友发了个信息，“高速封了，行程取消。”

早饭后能见度有所提高，我决定到公园走走。9点多发现太阳病恹恹地出来了，雾也消散了许多。天行健登山队已经到达目的地，发在群里的照片很诱人。村边正在杀猪，山村很宁静，山里并没有雾。山坡上的积雪很厚，几个人裹着厚实的外套在雪地里摆着各种姿势，兴奋之情无法掩饰。

诱人的照片使我再次萌生出行的念头，脑子里一下子想到了伏羲大峡谷。对，就是伏羲大峡谷，去看冰挂。2012年的这个季节我曾去看过一次，景色不错。

在网上搜出伏羲大峡谷的电话，询问了一下有无冰挂、路好不好走。景区的工作人员说有冰挂，路上没有积雪。挂了电话便联系昨天约过的朋友，问他能不能去。他正在买菜，说稍等一会儿，可以去。约定10点40分出发，我开车。

出门后发现路上车很多，可能大雾延迟了大家的出行时间。我心想出了市区就不堵了，但是很遗憾，交通台给出的信息是除机场高速外，其他高速仍然封闭。

开弓没有回头箭。高速关了就走省道。打开导航，距目的地47公里，预计1时6分到达。

这个景点我去过多次，走高速的路线很熟悉，走省道、县道还是第一次，只能按导航给出的路线前行。前半程沿郑州市中原路行进至荥阳市，然后左转走塔山路，再转入县道至新密市尖山乡。到了尖山，路又熟悉了，这是下高速后去大峡谷的必经之路。真是殊途同归！

进入尖山乡后雾霾基本消失，山岭枯树萧飒、白雪茫茫，农家宁静安详、年味渐浓。山路弯弯，车移景变，心情一下子从雾霾的沉郁中放飞，感觉真好。

快到大峡谷时路过一个小村庄，有两处正在杀猪，其中有一头猪倒挂在铲车的铲齿上。情景这么熟悉。停车观看。一转眼发现农家大院前的牌子上写着“九亩地×××农家院”，怎么这么巧，这不就是天行健登山队要来的地方吗？再一转眼便碰到了熟人——“朱政委”，还真是他们。“朱政委”看见我也是一愣，问到：“你怎么来了？”

他们已经踏过雪、爬过山、买过肉，正在吃农家大烩菜。寒暄几句后我们继续前行。

九亩地距景区门口只有几公里，盘山而下，10多分钟便到达。天冷人稀，停车场里只有3辆车，不似往日那么热闹。情况与2012年那次相似，整个景区擦肩而过的游客屈指可数，不及保洁人员多。这正

▲ 洁白如鸟羽

是我所期待的情景，一谷景色，静静欣赏。

天气偏暖，溪流没有完全结冰。但峡谷两岸的岩壁上却不乏晶莹剔透的冰挂。大峡谷属典型的红岩嶂谷群地质地貌，岩石兀立，飞瀑如线，层层叠叠，错落有致。枯枝上的冰花犹如洁白的鸟羽，岩壁上的冰挂酷似银色的华盖，冰清玉洁，栩栩如生，倒挂似钟乳石，滴水成吟云泉。站在没脚深的雪地里，细细观赏，峡谷一片宁静，心底一片宁静，只有冰挂断落的声音才能使人感受到自我的存在。

沿峡谷而上，潭瀑交替，一潭一景，一瀑一音，每处都值得逗留凝视。峡谷里的红岩层理分明，覆盖上一层厚雪犹如板正的五花肉。沟坡上的白栎树，枯叶落尽，枝杈间棚撑着雪团，好似盛开的大玉兰。景色各异，感慨相同，不虚此行！

在寒风中游览了2个多小时，微汗，爽心！4点钟折返，再次路过九亩地，村边还在杀猪。毫不犹豫地决定停车买肉。欣赏美景是精神

▲ “华盖”

层面的，过年还得有好肉，否则此行便不圆满。

村民说猪是自己家养的，只喂玉米，不加饲料，养殖时间都在两年以上。要买就得信，一人来了十几斤。35元一斤，不算贵。

返程很轻松。雾彻底消了，高速顺畅，心情愉快，给猪年的出行画上了一个圆满的句号。鼠年将是人生新的一页，有些事不能少，尤其是徒步、登山、亲近大自然！

2020年1月18日

春节慰问

腊月二十六，大寒。天气晴好，气温零下4~5摄氏度，不算冷。

上午慰问困难职工。今年安排我带队慰问八位，有两位住院，一位在外地，所以只走访了五户人家。

每年慰问的对象基本固定，多数是因身体原因造成家庭困难，也有个别因早年“下岗”致困。参加慰问几年，有些感慨，也发现了一些变化。譬如，有的人已经永远地离开了；有的家庭条件有所改善，不像从前那么困难；慰问的方式也有所改变，不再拿实物。

我所在的单位有几万职工，七八年前就建立了大病救助制度，每位职工每年象征性地缴纳一点费用，单位再筹集一部分。一年下来，有几百万元的救助资金可供使用，帮助了不少因病或因灾致困的家庭。这是一个很好的制度，充分体现了“一方有难八方支援”的精神。

春节前的慰问不属于大病救助范围，是一个由来已久的传统，目的在于“送温暖”。说是“送温暖”，其实自己在代表单位送的时候也常常收获一份特殊的感动，你能感受到大家对单位那种发自内心的感激之情。“雪中送炭”好于“锦上添花”，确实能为这些家庭解决一点实际困难。

这两年慰问的对象中有一户比较特别。一家三口，儿子幼年时脑瘫，母亲为了照顾儿子没有固定工作。父亲因所在的企业倒闭而壮年下岗，后来在社区谋了个职业，能增加一点收入。就是这样一个家庭，给人留下的却是一种特别温馨和自强的印象。

前年我曾代表单位慰问过他家，得知他儿子的情况后我说了几句鼓励的话，没想到孩子特别感激。尽管腿脚不方便，却坚持要把我们送到楼下。道别时，握着他的手，看着他那一脸灿烂的笑容，我心里很感动。多好的一个孩子，虽然没有一个健全的身体，但却有种自强不息的精神，有个温暖的家庭。当时他刚上专科，学习网上电商，对生活充满自信。后来在公园散步时曾碰到过他几次，总能从他脸上看到一种坚毅的气质。

今天再次到他家，好像已是故交，感觉到一种朋友般的亲切。孩子即将毕业，脸上依然阳光灿烂，看起来更成熟。父亲似乎比两年前显得更精神，母亲的脸上也很难觉察到忧郁之情。

人生坎坷在所难免，不幸常会突然降临。如何面对，不仅是一种考验，更是一种态度，社会关爱更不能缺位。春节前的慰问犹如一股暖流，能温暖很多家庭。

2020年1月20日

有点闹心

腊月二十八，距离春节还有3天。迎春联欢会已办过，慰问走访已结束，该开的会也都已开完，就等着过年。办公楼里静悄悄的，有不少人已经回家或远行。

今年春节来的早，似乎少了点期盼，也少了点热闹。记得去年腊月二十三之后，大街小巷都挂满了灯笼和彩灯，一到晚上霓虹闪烁，年味很浓。今年很冷清，大多数街道没有挂灯笼。不知道为什么？

节日的气氛少了点，紧张的气氛却在逐渐增加。

2019年12月8日，武汉市出现首例不明原因肺炎，2020年1月9日病亡1例，1月10日武汉市又确诊41例，同日国家卫生专家判定不明肺炎为新型冠状病毒引起。

截至1月20日18时，国内累计报告新型冠状病毒感染的肺炎病例224例，其中确诊217例。同日，习近平总书记作出重要指示，李克强总理作出重要批示。根据指示和批示精神，国务院召开电视电话会议，对新型冠状病毒感染的肺炎疫情防控工作进行了全面部署。国家卫生健康委员会成立新型冠状病毒感染的肺炎应对处置工作领导小组，指导地方做好疫情应对处置工作。至此，疫情防控升级，也成为全国人民关注的热点，有点像2003年SARS流行时的情形。

截至今天早上6时，全国已确诊324例，疑似52例，死亡6例。确诊病例涉及14个省份，最多的是湖北省，270例，河南1例。湖北省已启动突发公共卫生事件Ⅱ级应急响应。武汉市市长周先旺在央视《新闻1+1》节目中呼吁："原则上，没有必要我们建议外面的人不要到武汉，武汉的市民没有特殊情况也不要出武汉。"大过年的，这事确实有点闹心。

疫情重大，应当科学系统防控，但也不必恐慌。相信有解决SARS疫情的经验，有像钟南山老先生这样一批敢担当、能担当的老专家和医务工作者坚守防控一线，这场硬仗会很快打赢！

作为公民，我们要做好自我防疫，保护好自己，尽量不给疫情以传染和传播的机会。这是应尽之责！

2020年1月22日

这个春节终生难忘

农历正月初七，天空晴朗，最高气温13摄氏度，能见度14.5公里。绝对算得上郑州这个季节的好天气。

早上8时多到楼下遛狗，院里静悄悄的。微黄色的阳光穿过高楼，洒落在人行道上，有种暖暖的感觉。枯树间有不少雀鸟，喊喊喳喳，好似“早莺争暖树”。再有4天便要立春，春天的确不远了。

按常态，今天应该上班。但今年春节很特殊，全国遭遇了一场重大突发公共卫生事件，正在进行着一场全国动员、全民参与的防控救治斗争。由于疫情重大，国务院批准将春节假期延长至正月初九。

我真正关注这件事是1月20日，之前虽有耳闻，但没有想到影响会如此重大。1月20日，习近平总书记作出重要指示，李克强总理作出重要批示，防控疫情上升为国家行动。1月22日我曾写过一篇《有点闹心》的随笔，当时只是感到这个春节可能有很多人的出行会受到影响，并未意识到疫情会发展的这么快、受影响范围会这么大、危害程度会这么高。

1月23日，浙江、广东、湖南率先启动重大突发公共卫生事件Ⅰ级响应。同日，“武汉市新型冠状病毒感染的肺炎疫情防控指挥部”发出第1号通告，自23日10时起武汉“封城”。这时我才真正意识到事态严重，防控级别比2003年SARS还要高。心里一片阴云。

次日，上海、北京、湖北等14个省市启动Ⅰ级响应，25日又有13个省（市、自治区）跟进，总数达到30个，只有西藏自治区尚未发现病例。疫情防控成了全国人民关注的第一要事，如何自我保护是微信里的热点话题之一。1月29日，西藏自治区出现首例确诊病例，决定全区启动重大公共卫生事件Ⅰ级响应。至此，疫情流向全国。

今天是国家行动后的第11天，武汉“封城”后的第8天。截至10时41分，全国确诊人数9692人，疑似病例15238人，治愈171人，死亡213人。1月25日之后，确诊和疑似人数均直线上升，至今未见拐点。

这是揪心的10余天，也是受教育的10余天。重大疫情面前，我们看到了人性的很多面。燃萁煮豆者有之（蔡英文之流），妖言惑众者有之，见利忘义者有之，欺上瞒下者有之，惊慌失措者有之，避之不及者有之，但都不足以动摇我们打赢这场疫情防控战争的决心。我们要记住的是那些实事求是敢讲真话的人，那些不畏艰险勇往直前的人，那些慷慨解囊鼎力相助的人，那些大难面前共度时艰的人……

钟南山院士，抗击2003年SARS功臣，当年率先找出SARS的基本真相，指出病原不是衣原体而是病毒，改变了防治SARS的方向。他坚信真话和真药一样重要，谣言和恐慌破坏力更大，努力正本清源，还社会以信心。这次武汉疫情，他再次严格秉承一个科学家客观、诚实、有一说一的高贵品格，明确指出新型冠状病毒肺炎人传人的事实，改变了防控治疗的策略。一位84岁的老人，仍然勇往直前、坚守一线、科学求实、直言不讳，值得所有管理者、科技人员尊敬、爱戴、学习。老百姓信他有道理！

白衣战士，一个永远冲在防控重大突发事件一线的特殊群体。新冠肺炎疫情出现以来，已有很多医护人员为救死扶伤而长时间坚守在病房，付出了超常规的艰辛，甚至有人被传染。但他们不仅仅只是付出艰辛，更要为患者带来希望。尽管有时他们也有无助和压力，甚或一时的恐惧，但他们从不退缩。

“一方有难，八方支援”是中华民族的优良传统，在大难面前从来就没有缺失过。1月24日，上海首批医疗队驰援武汉，至1月28日晚，全国已有28个省（市、自治区）、解放军、国家中医医疗队的近6000人抵达武汉，支援防控救治工作。1月27日，获悉河南省要组建第二批支援医疗队后，黄河中心医院有309人报名请战，赤城之心化作一枚枚鲜红的指印。这只是一个缩影，真不知全国有多少热血儿女，主动请战、待命出发。“国有战，召必回，战必胜！”迎难而上是他们的共同心声。

众志成城，共克时艰。每逢大灾大难，总能感受到大爱无疆。“汶川地震”那感人泪下的场面至今难忘，今天的武汉同样牵动着亿万中华儿女的心。阿里巴巴设立10亿元医疗物资供给专项基金，腾讯捐赠3亿元……国企、民企，明星、平民，国内、国外，一笔笔捐赠，一份份爱心，体现了大家对社会的回馈。

“做这些是我们责无旁贷的，也没什么值得炫耀。特别是这个时候，我们都应该以实际行动给湖北人一点爱心。”这是鼓浪屿家庭旅馆协会会长董启农老人的一段话。大年三十（1月24日），他们收留了几十个湖北人，这在当时很不容易、很暖心。

1月23日武汉“封城”，走与留成了很多武汉人的艰难抉择。随后两日，确诊、疑似病例直线上升，疫情有蔓延之势，全国省（市、自治区）几乎全部启动重大突发公共卫生事件Ⅰ级响应，武汉人、湖北人成了重点“关怀”对象，大有“谈湖变色”之感，走出湖北的有些人遭遇到了从未有过的孤立。随着对疫情防控认知水平的提高，人们渐渐意识到要防的不是湖北人、武汉人，而是病毒。这种应激反应使得有些人感到无助，但对初期群防群控意识的提高起到了很大作用。这种情况在SARS期间也出现过，当时重点防的是北京人。这再次提醒我们，遭遇重大突发公共卫生事件，特别需要信息公开透明、政府科学引导，使民众能够正确对待、科学防控，不再出现针对某个地域群体的整体性排斥。

疫情还在发展，心仍然揪着。已经在家里宅了几天。想写点东西，又不知从何写起。缺乏医学知识，缺乏一手资料，下笔很难，但又不甘心，只能就事论事谈点粗略的感受。

1月28日，钟南山院士接受新华社专访时指出，“疫情什么时候达到高峰，很难绝对估计。不过我想应该在一周或十天左右达到高峰，不会大规模地增加了。”我相信钟老的判断，我也坚信这场疫情防控的硬仗一定能够打赢。

这是中华民族历史长河中的艰难一瞬，愿能成为人类防控疾病史上一次重大进步！

2020年1月31日

疫情防控工作的拐点

昨天是2020年2月2日，网上称其为“千年对称日”，有很多解读。其实这样的日期并不罕见，之前的20111102是，接下来的20211202也是。在我看来，昨天应该是新型冠状病毒感染肺炎疫情防控工作的拐点日。

昨天晚间新闻播报了两条重大消息，其一，经中央军委主席习近平批准，军队抽调医疗力量承担武汉“火神山”医院医疗救治任务；其二，国务院总理李克强主持召开中央应对新型冠状病毒感染肺炎疫情工作领导小组会议，对防控工作进行再部署。另外，湖北省新型冠状病毒感染肺炎疫情防控指挥部发文要求，对确诊、疑似、无法排除的发热患者和确诊患者的密切接触者等“四类人员”，分类集中收治和隔离。

“火神山”医院1月24日开工，昨天建成，仅用时8天。建筑面积3.39万平方米，布设床位1000个。军队从2月1日开始，抽调了1400名医护人员奔赴武汉，昨天全部集结“火神山”医院，今天开始收治病人。医院开设重症监护病区、重症病区、普通病区，设置感染控制、检验、特诊、放射诊断等辅助科室。医护人员中有不少人曾参加过北京小汤山医院抗击非典任务以及援助塞拉利昂、利比里亚抗击埃博拉疫情任务，具有丰富的传染病救治经验。有了标准的医疗设施、“战地化”的军事管理，相信“火神山”医院将在重症治疗中发挥重要作用，期待“雷神山”医院也能尽快投入使用。

1月29日，国办发明电〔2020〕2号要求，各省（区、市）人民政府要切实履行主体责任，迅速组织本地区生产应对疫情使用的医用防护服、N95口罩、医用护目镜、负压救护车、相关药品的企业复工复产。国务院应对新型冠状病毒感染肺炎疫情联防联控机制物资保障组负责对上述重点医疗应急防控物资实施统一管理、统一调拨，地方各级人民政府不得以任何名义截留、调用。昨天的会议，对防控工作进行再部署，相信防控物资生产、管理、调拨会逐步呈现规范、有序、高效的局面。

2月2日，武汉市新型冠状病毒感染的肺炎防控指挥部要求，全市各城区进行“四类人员”的集中收治和隔离工作。2月2日晚间，武汉市卫生健康委员会发布通告，拟再新增两批医疗机构，作为收治新型冠状病毒感染的肺炎疑似及确诊病例的定点医院。五批定点医院总计将提供超过1.2万张床位。武汉的防控救治工作向前迈了一大步，逐步进入有序状态。

这几天除了疫情让人揪心外，管理不到位也引起了不少愤慨。中央巡视组巡视湖北黄冈市时，市卫健委主任对医院收治能力一问三不知；记者会上湖北省省长对本省口罩生产能力不知情，一开口说108亿只，一会儿纠正说18亿只，最后再次纠正说108万只；湖北省委书记回答记者提问时照本宣科、答非所问；武汉红十字会不作为、乱作为等。疫情重灾区领导的工作作风不实、责任担当缺失成了民众批评、愤慨的焦点。但经过一段混乱时期，防控与救治工作总算逐步走入正轨，防控救治能力也在不断提高，这都是好消息。

20200202，真希望这是新型冠状病毒感染肺炎疫情防控工作的拐点日。

防控工作步入有序，但防控救治形势依然严峻，还必须爬坡过坎、克难攻坚，一点都不能轻视。

截至今天上午9时30分，全国确诊病例17238例，疑似病例21558例。昨天，钟南山院士再次就疫情防控形势接受新华社、央视等媒体采访，他表示："目前全国的疫情仍处于上升期，但我们判断疫情应不会产生全国性暴发，而可能只为局部暴发。"这是个很重要的判断，说明我们已经取得阶段性胜利。但他同时也指出："疫情有望在未来10天至两周左右出现高峰，我们仍需加强防控，不可放松警惕。"大家要坚定信心，同时要做好自我保护，危难时刻不给国家、社会增加负担。

昨天还有一个很暖心的消息，《环球时报》报道，2月2日上午，星云文化教育公益基金会联合国际佛光会共同在海外募集订购的120多万只口罩，已有70万只送达疫区一线。此次口罩募集活动中，为捐赠口罩奔波的人士都是台湾同胞。这与疫情暴发伊始蔡英文当局就宣布禁止口罩外销形成鲜明对比，台湾同胞的爱心没有缺席。蔡"博士"："本是同根生，相煎何太急！"

2020年2月3日

一切都会好起来

2月5日，农历正月十二。天阴冷。

昨天立春，夜里却来了一场大风，郑州的气温骤降到零摄氏度上下，上班路上感觉到寒风有些刺脸。预报今天有雨夹雪。暖冬之后来个倒春寒很正常，但在特殊时期遇到这样的天气，人们的心情会多一层忧虑，可能更希望阳光明媚。

昨晚街道办事处发了一封公开信，要求辖区居民办理所在小区的出入证，一户一证，凭证出入，每天只能在上午9时至12时使用一次。如果上班，需要所在单位出具上班证明，凭证明进出小区。感觉郑州的防控措施更加严格了，这也许与节后返郑人员增多有关。

截至今天上午8时，全国确诊病例24363例，较上日增加3892例；疑似病例23260例，较上日增加3971例；治愈892人，较上日增加260人；死亡491人，较上日增加66人。

从近几日的数据可以看出几个变化，一是新增确诊病例仍呈直线上升趋势，新增疑似病例从2月3日开始有所下降。二是治愈人数从2月1日开始超过死亡人数，之后每天的增幅明显变大，昨天相差

194人。三是就截至目前全国已确诊人数而言，死亡率约2.1%，低于SARS（全球平均9.6%，网上数据），远低于MERS、H7N9禽流感、H5N1禽流感、埃博拉疫情。四是湖北新增确诊病例3156例，占全国新增病例的81.1%，累计确诊病例16678例，占全国的68.5%，仍然是疫情的重灾区。这些变化无疑给防治工作增添了信心。

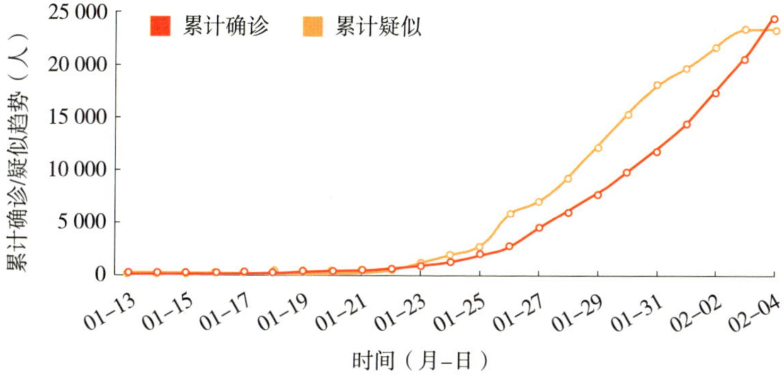

▲ 累计确诊（红色）和疑似（黄色）

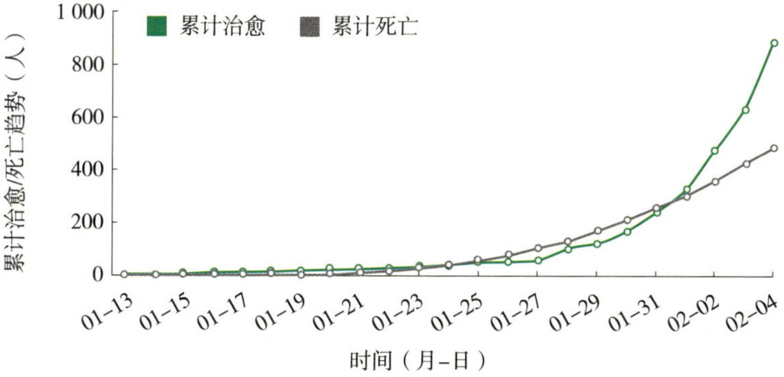

▲ 累计治愈（绿色）和死亡（灰色）

2月3日，习近平总书记主持召开中共中央政治局常务委员会会议，研究加强疫情防控工作，并发表重要讲话。总书记强调："做好疫情防控工作，直接关系人民生命安全和身体健康，直接关系经济社会大局稳定，也事关我国对外开放。现在，最关键的问题就是把落实工作抓实抓细……按照坚定信心、同舟共济、科学防治、精准施策的要求，尽快找差距、补短板，切实做好各项防控工作，同时间赛跑、与病魔较量，坚决遏制疫情蔓延势头，坚决打赢疫情防控阻击战。"这是10天之内，中央政治局第二次召开会议研究疫情防控工作，足显中央对疫情防控的高度重视和打赢这场疫情防控阻击战的坚定信心。

2月4日，武汉新建"方舱医院"8座，加上原来的武汉国际会展中心、洪山体育馆等3个"方舱医院"，总数达到11个，增加医护人员2000多名。

同日，国家卫健委从全国调集20家"方舱医院"、3个P3实验室、3000多名重症救护人员和2000多名"方舱医院"医护人员支援武汉。这将从根本上扭转救治床位和救治医护人员短缺的问题，相信在武汉的努力和全国的支持下，对染病人员能够很快做到国家卫健委要求的"应检尽检、应收尽收、应治尽治"。

前天，我曾在随笔中判断2月2日是新型冠状病毒感染肺炎疫情防控工作的拐点日，今天我更坚信这一点。虽然疫情还很严重，甚或有第二个新增疑似、确诊病例的高峰，但我坚信一切都会好起来。

早春的寒日还会持续一段时间，但春天的脚步不会停下来，数日之后，我们将要看到的仍然是绿柳拂堤、草长莺飞！

2020年2月5日

寂静的元宵节

2月8日，农历庚子鼠年元宵节，晴，郑州市最高气温12摄氏度。一场小雪后天又很快回暖。

下午我带班，这是疫情防控关键时期的一种特殊安排，避免人员相互接触。

街上一片寂静，几乎看不到几个人，只有环卫工人、小区和单位的门卫还在坚守岗位。其实郑州市近几天都是这个样，按规定居民只能上午出门，且限制每天一户一人。下午除了必要的服务岗位和值班人员，大家都必须待在家里。

我住26楼，每天总要站在窗前眺望远方几次。不远处就是金水河，平日河堤上总有不少人散步、跳舞，这几天看不到了。看来大家都很守规矩，在众志成城防控疫情。

根据下午2时21分的实时疫情数据，全国已确诊34627例，比昨天增加3416例；疑似27657例，比昨天增加4214例；累计治愈2099例、死亡723例。其中，湖北新增确诊2841例，占新增总量的83.1%。这两天新增确诊和疑似病例有些波动，但没有出现拐点。死

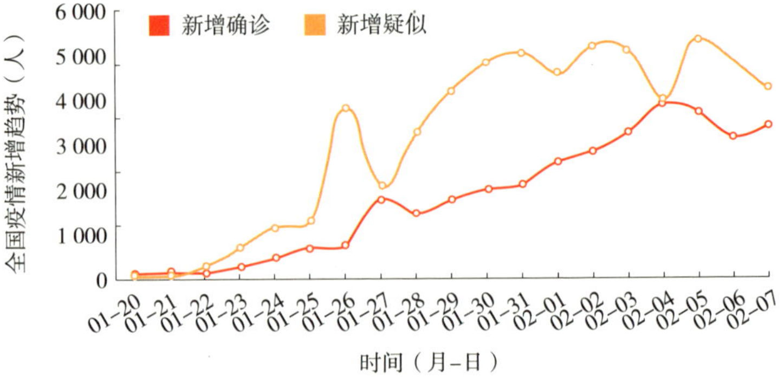

▲ 新增确诊（红色）和新增疑似（黄色）

亡率基本稳定在2.1%。

昨天新增死亡86例，其中一例比较特殊——李文亮的死亡。从媒体报道看，李文亮不仅是一位新型冠状病毒的感染者，还是一位有良知、守医德的好医生。他是去年12月最早在专业人员范围内预警这场危险病魔的8名医生之一，并为此以“在互联网上发布不实言论”被辖区派出所训诫。随着疫情的发展和信息的不断披露，民众对李文亮的关注度、赞誉度越来越高，被称为疫情“吹哨人”。但是很不幸，他没能从死亡线上跑回来，于昨天凌晨2时58分永远地离开了我们，把生命定格在34岁。令人扼腕叹息！

网上对李文亮的悼念文章很多，有不少人称他为英雄，但我觉得他更是一个有良知、敢担当的医生。1月30日，接受南都记者采访时他曾说：“恢复以后还要上一线，疫情还在扩散，不想当逃兵！”2月1日，接受财经新闻采访时他曾勇敢地表达：“一个健康的社会不该只有一种声音。”一个普通人，能做到这两点，不管他是不是英雄，都值得我们尊敬、悼念。愿逝者安息！

“文亮已逝，战斗未止！”“与疫情较量一刻也不能松懈。”

这是央视热评中的两句话，我很赞同。这两天我们也听到了一些好消息，其中最重要的就是对疫情防控要做到“应检尽检、应收尽收、应治尽治”，这是防控和救治的关键。经过全国近3天的努力，我想武汉应该基本做到了，但湖北省的其他地市可能还远远不够。昨天湖北省省长王晓东在咸宁、黄石市检查疫情防控工作时曾强调，当前市州疫情呈现城市向农村蔓延、输入型向社区感染型发展的新态势。这是个坏消息，也许我们期望的拐点还不会马上出现，但我们一定要坚定打赢这场疫情阻击战的信心！

一个寂静、悲伤的元宵节。让我们一起祈福，加油武汉！加油中国！

晚间填了一首《青玉案·风雨同舟抗击疫情》，作为对这个特殊元宵节的纪念：

东风依旧心凌乱，上元月，隔窗看。万巷寂寥灯火暗。家家闭户，亲朋难见，微信翻千遍。

江城病魔何时断？荆楚苍生早期盼！风雨同舟齐奋战。瘟神送尽，山花烂漫，老舍迎归燕。

2020年2月8日

情况在好转?

2月9日，晴。郑州气温2~16摄氏度，适宜出行，但不能出行。

截至上午9时，全国累计确诊37251例，较昨天增加2653例；疑似28942例，较昨天增加3916例；累计治愈2651人，较上日增加599人；累计死亡812人，较上日增加89人。死亡率2.18%。

从近4天的情况看，新增疑似和确诊人数均在下降，尤其是新增

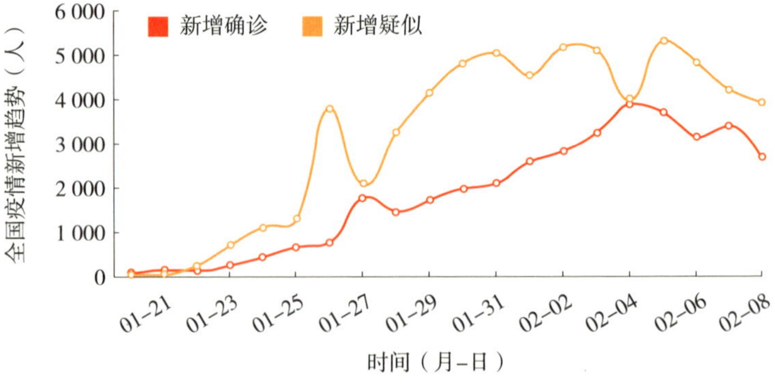

▲ 新增确诊（红色）和新增疑似（黄色）

疑似人数，在2月5日达到高峰后，由日增5000多例下降到不足4000例。新增疑似病例如果能够持续下降，则说明潜在感染者的人数在逐步减少，防控效力突显，传播扩散的拐点会很快出现。但新增确诊人数可能不会太稳定，与疑似存量密切相关，并受医疗救治条件影响。

目前确诊人数中，重症病例达6000多人，这部分人是救治的重点。从报道的情况看，目前武汉能够定点救治重症病人的医院只有5家，床位严重不足。轻症病人主要收治在“方舱医院”，进行集中隔离治疗。这部分人具有自主活动能力，是移动的传染源，集中隔离救治是个很好的防控措施。从2月4日报道建设“方舱医院”开始，已陆续有不少轻症病人被收治，但容量仍然不够。昨天还有武汉的同学发求救短信，称有人仍为“被收治”而奔波，看了挺心焦的。

昨天“雷神山”医院建成交付使用，首批病人已转移入住。“雷神山”是继“火神山”医院投入使用后建成的又一所“战地医院”，建筑面积7.99万平方米，床位1600张，规模比“火神山”医院大。“雷神山”医院能进一步缓解床位不足问题，但仍有“杯水车薪”之感。好在武汉仍在继续增加“方舱医院”。

武汉是重灾区，中央高度关注，全国大力支持，疫情防控救治工作局面改善较快。但湖北省其他地市的疫情也很严重，尤其是孝感、黄冈等市，怎么办？地市医疗资源更紧缺，防控难度更大，也应该成为关注和支援的重点。昨天网上有个帖子，不知真假，但我赞同这个主意。帖子说，湖北除武汉外还有16个地市，由16个省包干负责开展救治工作。这有点像“对口支援”，责任明确、目标明确，便于统一指挥调度和管理，集中优势兵力打“歼灭战”。如果只是网上的“戏言”，希望中央能够考虑。

昨天的随笔在谈到湖北疫情防控时写了一段话，后来感觉不太合适就删掉了。今天想想这是很多人的同感，还是应该写出来。回顾这次疫情防控救治，总觉得湖北的工作老是慢半拍，且不说疫情预警通报晚了，就是后来的发布应急响应、武汉“封城”“方舱医院”修建、社区封闭管理等，感觉都慢半拍。这里面可能有很多原因我们并不清楚。但直观感觉，我们在应对重大突发公共卫生事件上还存在很多“短板”，部分人工作中还存在官僚主义、形式主义作风，有些甚至比较严重。值得好好反思，应该认真追责。

2月7日，经中央批准，国家监察委员会决定派出调查组赴湖北武汉，就群众反映的涉及李文亮的有关问题作全面调查；2月8日报道，中央批准王贺胜同志任湖北省委委员、常委。这是两条很重要的消息，回应了人民的关切，在网上引起很大反响。督察、调查很重要，但更重要的是从工作中总结经验，从失误中吸取教训，健全制度和机制，不断提高我们应对重大突发公共卫生事件的能力。

2020年2月9日

迎春花已开

2月12日，晴。气温4~18摄氏度。这两天郑州的气温一直在回升，天气晴朗，有点初春的感觉。路边的迎春花已经绽放，枝条嫩绿，花簇蛋黄，从杂草或枯枝中散发出春的气息。已经立春8天，一年中最好的季节正在悄悄走来，如果不是疫情肆虐，公园里会很热闹，马路上会很拥挤，会有多少人正抱着“一年之计在于春”的思想开启新的征程。

疫情打乱了一切。广场上的舞者不见了，街道上车辆、行人稀少，红绿灯独自闪烁，除了药店和生活门市，其他店铺均未开业，一片寂静，真有恍若隔世之感！

全国性疫情防控已持续20多天，国家做出了巨大努力，战斗在防控救治一线的人们付出了巨大牺牲，但大家所期待的拐点还没有出现，心仍揪着。

关于拐点，我有两个理解，一是每日新增确诊、疑似病例的拐点；二是每日新增确诊与治愈人数之比的拐点。第一个拐点反映的是感染者和潜在感染者的数量，主要体现防控的成效，决定疫情的最终规模。第二个拐点反映的是防控和救治的综合成效，有人称之为“黄金交叉点”，也就是说，日新增确诊人数小于日新增治愈人数的那个点。两者之比小于1并最终趋于0，才可以说疫情“阻击战”在逐步取得胜利。目前两者之比还远大于1。

截至今天上午9时46分，全国累计确诊47267例，较上日增加2018例；疑似21675例，较上日增加3536例，治愈4751例，较上日增加753例；死亡1114例，较上日增加97例。观察2月11日之前的新增确诊和疑似病例走势图可以看出，日新增确诊和疑似人数分别从2月4日和5日开始下降，虽然有一定的波动，但趋势明显。这可能意味着第一个拐点已经出现。

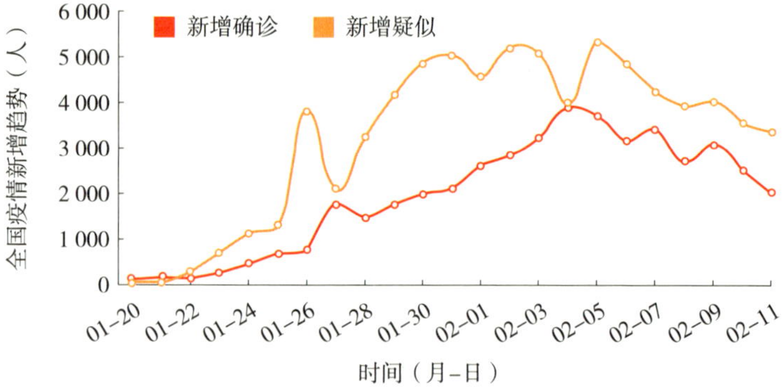

▲ 新增确诊（红色）和新增疑似（黄色）

第二个拐点的出现可能还需要时日。2月9日、10日、11日，新增确诊与治愈人数分别为3062、2478、2015例和632、716、744例，两者之比分别为4.84、3.46、2.71，距离小于1还有很大差距，但与2月4日的14.84相比（当日新增确诊3887例，新增治愈262例），下降速度很快，正朝着好的方向转化，出现“黄金交叉点”可能是未来一两天之内的事情。

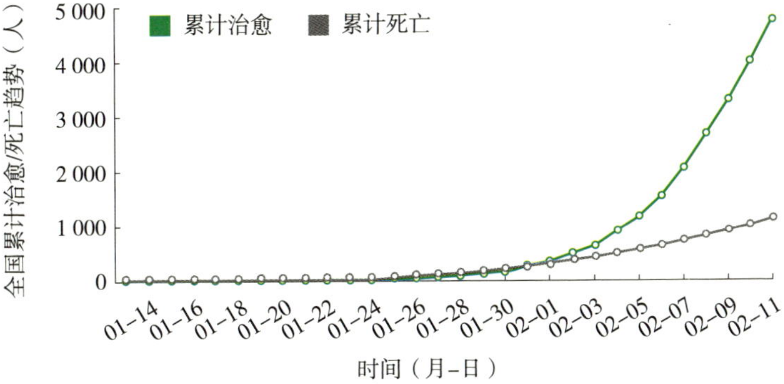

▲ 累计治愈（绿色）和累计死亡（灰色）

对两个拐点的分析可以看出，情况在明显好转。当然，这是基于目前第一代和第二代感染者的数据而言，如果还有大量的第三代感染者，情况还会变化。

上一篇随笔曾提到全国有16个省市“对口帮扶”湖北省16个地市的信息，已确认为真事，这是湖北省疫情防控和病人救治工作的一个重大转折，将对打赢疫情防控湖北保卫战起决定性作用。

迎春花已开，杏花、梨花、桃花满园还会远吗？

2020年2月12日

为什么?

早上打开手机吓我一跳，湖北昨天新增确诊14840例，死亡242例。这和近几天的趋势不仅背道而驰，而且令人震惊。我有点不相信。

9时多再看腾讯新闻疫情实时追踪，发现数据无错，且全国较上日新增15111例，累计确诊达到59841例；新增疑似3342例。这无疑是截至目前，一日新增确诊人数最多的一天。考虑到同一时间段新增疑似仅3342例，新增的15118确诊病例中，大部分应该是未经过疑似而直接确诊。

为什么会这样？我觉得原因有三。一是与近3天湖北省尤其是武汉市疫情防控工作深入有关。2月9日开始，按照“应收尽收”的要求，武汉市疫情防控工作下沉，全面排查市区居民，连夜集中疑似病人，使隐性的存量变为显性的增量。二是与统计口径变化有关。据环球网报道，湖北省已把“临床诊断病例”数纳入确诊病例进行公布。所谓“临床诊断病例”，是指实验室还没有确诊，还没有查到核酸检测阳性，只要临床症状“看着像”就认为是确诊。三是诊

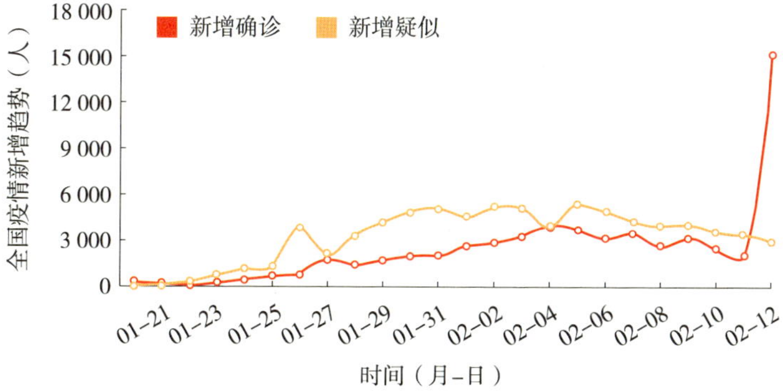

▲ 新增确诊（红色）和新增疑似（黄色）

断能力有所提升，加快了确诊速度。近几天，随着“雷神山”医院投入使用和“方舱医院”不断增加，收治能力显著提高。另外，全国各地又支援了大量医护人员，诊断救治能力也有显著提高。

目前，确诊和疑似总量达到75908例，我估计还有较大的上升空间，尤其是随着湖北地市州排查工作的深入，有可能再次出现激增的情况。据2月12日报道，黄冈市地毯式排查发现发热病人约13000人，孝感又会怎样？其他地市州呢？看来我们真不敢过早乐观。

2020年2月13日

重大人事调整

上午11时15分，新华网客户端发布重磅消息，上海市市长应勇调任湖北省委委员、常委、省委书记。随后又有报道，济南市委书记王忠林调任湖北省委委员、常委、武汉市委书记。2月8日，国家卫健委副主任王贺胜已到任湖北省委委员、常委，并于2月11日兼任湖北省卫健委书记、主任职务。2月10，中央政法委秘书长陈一新任中央赴湖北指导组副组长。陈一新曾于2016年至2018年间任湖北省委副书记、武汉市委书记，在武汉工作一年多，对武汉的工作很熟悉。至此，有4位新人履职湖北、武汉，这将对湖北和武汉打赢疫情防控阻击战产生重大影响。

此前，湖北省已先后免去黄冈市卫建委主任、湖北省卫建委书记和主任的职务，今天调整湖北省和武汉市一把手，彰显了中央加强疫情防控和病患救治工作领导指挥的决心，也回应了人民的期盼。

今天网上有个《第一财经》的帖子，就武汉市卫健委和国家疾控中心对新型冠状病毒肺炎的定性和通报做了个汇总，时间从2019年12月1日首例发病开始到2020年1月23日武汉封城结束。从汇总情况看，湖北省、武汉市卫健委首次组织到武汉中西医结合医院开展流行病学调查是12月29日，之前没有什么行动；12月31日，武汉市卫健委当日通报27例病毒性肺炎；2020年1月3日，武汉市卫健委当日通报44例，未见明显人传人；1月4日无通报；1月5日通报59例，未见明显人传人；1月6日武汉市召开两会，至1月10日两会闭幕，5天未通报；1月11日，湖北省两会开幕，武汉市卫健委通报41例，并称未发现明显人传人和医护感染；1月12日至17日，武汉市卫健委每日通报均无新增；1月18日两会闭幕，通报新增4例；之后每日通报，病例逐渐增多。

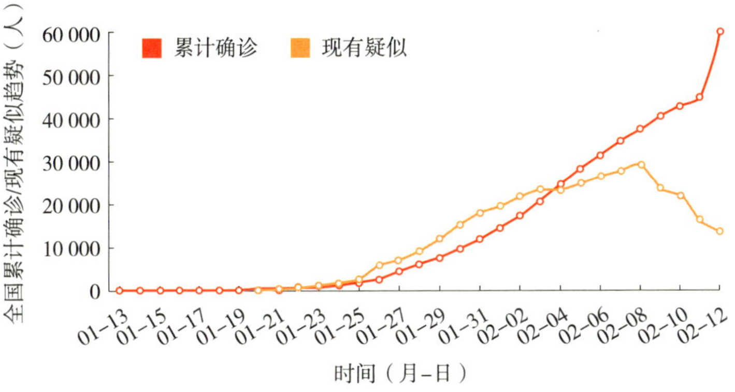

▲ 累计确诊（红色）和累计疑似（黄色）

从这一连串节点看，1月3日以后出现的情况不符合流行病传染的一般规律，有掩盖疫情发展和医护人员感染的嫌疑。事实上，1月10日前，武汉中西医医院、湖北省新华医院、武汉同济医院、武汉大学中南医院，都有类似病人出现，并发生个别医生和护士感染事件；1月9日发生首个死亡病例，1月10日湖北省新华医院出现30例CT异常；这些都没有引起足够的重视。1月10日春运开始，大家在疫情“销声匿迹”的情况下，兴高采烈地开始了一年一度的归乡旅程，直到1月20日“人传人”的真像浮出水面，人们一片错愕。最不可思议的是，在疫情已成蔓延之势的1月19日，武汉市还在百步亭社区举办“万人宴”，罔顾人民安危，丧失了应有的警惕。

当前疫情防控和病患救治正处在最关键时期，还不是彻底追责的时候，相信大家更希望能把中央的决心、人民的期盼真正扎实的落到具体工作中，尽快打赢这场关乎人民健康安全、国家发展稳定的疫情防控阻击战！

2020年2月13日

春天必将到来!

2月16日，天气特别好，微风无云，天空蔚蓝。

早上起来第一件事还是看疫情实施追踪。截至15日24时，当日新增确诊2009例（其中湖北1843例），新增治愈出院1323例；累计确诊68500例，存有疑似8228例，两者合计76812例。与12日的合计相比，共增加3573例，其中，确诊增加8780例，疑似减少5207例。从合计增量看，这3天的增速明显降低。2月15日，新增确诊与治愈出院的比例为1.52，与11日相比降低了1.19，正在逐渐逼近“黄金交叉点”。

2月12日是最令人错愕的一天，当日全国新增确诊15111例，仅湖北省就有14840例。我在13日的随笔《为什么？》中做了一点分析，给出了3个理由，有关专家和官方也做了很多分析解释工作。现在看来主要是统计口径变化所致，即把“临床诊断病例”纳入确诊病例管理，使隐性存量变为显性增量。

2月15日，全国除湖北以外地区，新增确诊166例，已经从2月3日开始，连续13天下降，累计降幅达81.3%。这说明群防群控发挥了

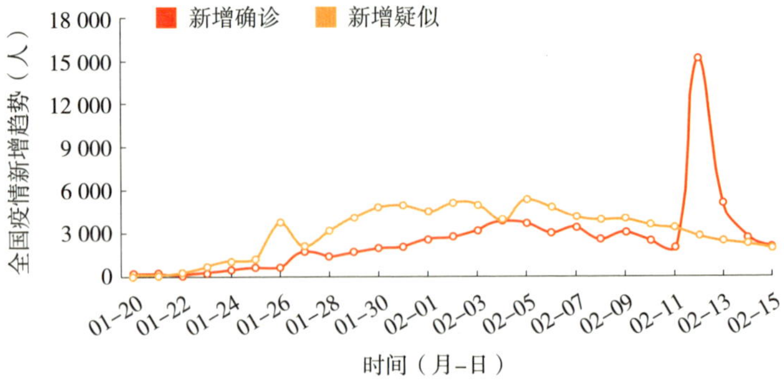

▲ 新增确诊（红色）和新增疑似（黄色）

显著成效，为集中优势兵力打赢疫情防控武汉阻击战、湖北阻击战创造了条件。

据有关报道，自1月24日上海首批医疗队驰援武汉以来，已有数百支医疗队奔赴武汉、湖北，支援医护人员2万多名，正在与几十万名湖北当地的医护人员并肩作战、共克时艰。这充分彰显了伟大祖国“一方有难、八方支援”的爱国主义精神、英雄主义精神、集体主义精神和人道主义精神。这一点我不相信任何其他一个国家能够做到。

河南紧邻湖北，截至15日已确诊1231例，仅次于广东列全国第三。就河南的地理位置和人口总量（或密度）而言，这个数字不算高，体现了河南早重视、早发现、早隔离的“硬核”防控成效。但河南的情况仍不可掉以轻心，毕竟每天还有两位数的增量。

战“疫”还处在关键时刻，但曙光已经初露。2月14日，外交部发言人华春莹的推特账号正式启用，其第一条推特写道：“寒冬总会过去，春天必将到来！（No winter lasts forever，every spring is sure to follow.）” 并配了一张寒雪中绽放的红梅。这是一种信心的

▲ 红梅绽放

展现，也代表着亿万民众的心愿。

上午出去买菜，路过家门口的公园。散步的人寥寥无几，一种从未有过的清冷之感。路边的迎春花正在怒放，山坡上的红梅已悄悄盛开，驻足拍了几张。在此，想献给那些战斗在一线岗位上的防控队伍和医护人员，有你们的英勇无畏精神和无私奉献，相信战胜疫情的那一天不会太远，春天必将到来！

2020年2月16日

“黄金交叉点”出现

2月17日，全国新增确诊1886例，治愈出院1701例，两者之比为1.11。2月18日，全国新增确诊1751例，治愈出院1826例，两者之比为0.96，首次小于1，“黄金交叉点”可能已经出现，这是极好的消息，意味着确诊病例的存量开始下降。实际上，2月17日确诊病例存量为58016例，达到峰值；2月18日确诊病例存量与2月17日相比，减少了211例。

如果分析确诊和疑似病例存量之合的变化，我们会发现峰值发生在2月12日（见表），之后逐日下降，到昨天为63134例。新增确诊病例与治愈出院的比例，从1月14日开始稳定下降，到昨天出现“黄金交叉点”。

如果单看确诊病例增量和治愈出院人数的比值，达到1意味着进出平衡，等于0说明疫情彻底消除。这是我们所期盼的，但可能还需要一段时间，甚至很长一段时间。俗话说“病来如山倒，病去如抽丝”，流行病的发展可能也符合这个道理。回顾近5天的日平均治愈量，彻底消除确诊病例存量任务还很艰巨，毕竟还有57886例。

疫情统计表

日期	确诊保有量②	疑似保有量③	②+③	新增确诊⑤	治愈出院⑥	⑤/⑥
2月11日	38800	16067	54867	2015	744	2.71
2月12日	52526	13485	66011	15153	1171	12.94
2月13日	55784	10109	65893	5093	1081	4.71
2月14日	56873	8969	65842	2644	1373	1.93
2月15日	57416	8228	65644	2009	1323	1.52
2月16日	57934	7264	65198	2051	1425	1.44
2月17日	58016	6242	64258	1891	1701	1.11
2月18日	57886	5248	63134	1751	1862	0.94

我认为确诊病例存量的消除速度受两个因素影响，一是治愈出院人数，二是死亡人数。2月18日，治愈率（累计治愈人数与累计确诊人数之比）为19.4%，死亡率（累计死亡人数与累计确诊人数之比）为2.7%。与2月1日相比，治愈率提高了17.1%，死亡率增加了0.6%。这两个比例的变化受很多因素影响，如治疗时机、治疗能力、病人的自身免疫情况、累计确诊总量的增加等。由于日新增确诊人数已显著下降，估计累计确诊病例总量不会再有太大的变化

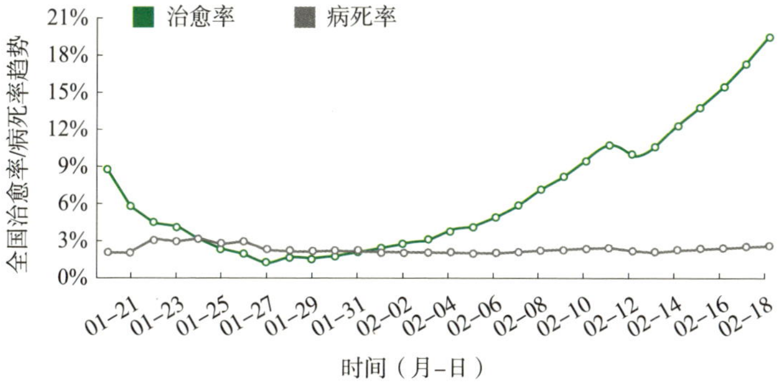

▲ 治愈率（绿色）和死亡率（灰色）

（截至2月18日共74279例），未来治愈率和死亡率的变化主要受治疗条件的影响。

目前，武汉的收治能力似乎已不存在问题，能够做到“应收尽收”。我相信，随着治疗经验的积累、治疗方法的完善、治疗药物的改进，治愈率会稳步提高，每天会有更多的人痊愈出院，确诊病例存量会一天天消减。

期望新增确诊病例尽快归零，治愈率快速提升，确诊病例存量快速减少，并最终归零。那便是庚子鼠年真正的春天！

2020年2月19日

何日春归

梅林寂静东风暖，湖水无痕似镜平。

岸柳旧枝黄欲绿，长亭何日复琴声？

新冠肺炎疫情防控已持续1个月。截至今天凌晨，全国累计确诊77041例，累计治愈22097例、死亡2445例，治愈率29.7%、死亡率3.17%。从2月17日开始，确诊存量逐渐下降，已由当日的58097例下降到今天的51689例，说明疫情控制和病患治疗都取得显著成效。郑州继续实行小区封闭管理，严控人员外出。上午买菜路过紫荆山公园，发现红梅绽放，垂柳细枝嫩黄，湖面鸭鹅浮水，但园里少有游人，更没有往日的梨园琴声，一片空寂。特记之。

2020年2月22日

为什么不能再忍几天？

周六上午，微信上有个帖子，叫“为了方中山，负了钟南山？”

钟南山他老人家早已家喻户晓，“方中山”又是谁？郑州市人都知道，一家胡辣汤店，总店就在我住的小区旁边。昨天、今天，网上仍有一些关于该店的帖子，还有《大河报》的跟踪报道，搅动了不少人的心，方中山胡辣汤可能也因此“名扬”全国。

周六上午8时多外出买菜，我曾经过方中山胡辣汤总店门口，看到那种热闹的场面，吓我一跳。东西两个方向排队买汤的人足有几十米长，人挨人；路口几个方向都停满了车辆。放在平时，大家会觉得很正常，而在新冠肺炎疫情防控的关键时期，感觉有点不可思议。当时我就在微信圈里发了3张照片，并配了一个带有一点讽刺意义的标题：最新“中药配方”。

胡辣汤是中原地区的知名小吃，起源于河南省周口市西华县逍遥镇，在郑州很有市场，是很多老百姓青睐的早餐，与烩面齐名，同为郑州名小吃。外地人来郑州出差，东道主一般都会推荐这两种小吃。

▲ 方中山胡辣汤总店

郑州胡辣汤店面很多，所用食材基本相同，但味道有差异。胡辣汤最使人难忘的就是“胡辣”两字。汤为糊糊状，多放胡椒，辣味十足，称其为“胡辣汤”很贴切。主要食客为中青年，我也曾很喜欢。但随着年龄增长，感觉味道过重，渐渐疏远。

家门口的“方中山”胡辣汤店已经开了20多年。初期只是一个路边小店，后来经过几次扩展，成了现在这个规模。这个店生意一直很火爆，从早上6时左右开始营业，到中午关店，食客总是不断。高峰期排长队司空见惯。

对前天早上方中山胡辣汤总店门前出现的热闹场景，网上多有非议，也引起了市政有关部门的关注。据说从昨天开始，店家增加了3条措施：一是营业时间压缩为早上5时30分至8时30分；二是排队人员相互保持1.5米的距离；三是店里为顾客准备了一次性手套，并测量体温、喷洒酒精。昨天早上再路过时，看到人与人之间确实有了间隔，但我觉得还是不应该这么急着营业。

昨天中央召开了“统筹推进新冠肺炎疫情防控和经济社会发展

工作部署会议”，会上习近平总书记讲话强调：“当前疫情形势依然严峻复杂，防控正处在最吃紧的关键阶段，各级党委和政府要坚定必胜信心，咬紧牙关，继续毫不放松抓紧抓实抓细各项防控工作。”“各级党委和政府必须高度警惕麻痹思想、厌战情绪、侥幸心理、松动心态。”面对当前疫情防控形势，提出这样的要求很及时、很必要，大家应该认真贯彻落实。

郑州的居民小区仍然坚持封闭式管理，进出人员都要严格检查。小区周边的商家几乎都没有开业。相比而言，方中山胡辣汤开业太早了，店家和食客为什么就不能再忍上几天！

2020年2月24日

破浪再前行

《临江仙·破浪再前行》

——写在新冠肺炎疫情防控关键时期

不是江城春晚，疫情掩累东风。千湖扬柳雾重重。楚天魔未灭，众志应成城。

待到樱花绽放，千家万户安平。龟蛇天堑又相通。时艰何所惧，破浪再前行。

2020年2月25日

在清醒中坚强前行

2月18日出现“黄金交叉点”后，我没有再写过有关疫情变化的文章。当时觉得，疫情防控的大势已基本清晰，接下来，在巩固防控战果的同时，重点是救治确诊病人。

19日以来，情况的确在日渐趋好。19日全国新增确诊首次低于1000例，21日为399例，直到昨天（26日），日新增确诊基本在500例上下浮动。累计确诊19日为75002例，昨天为78497例，7天增加了3495例，日均约499例。19日确诊存量为56386例，疑似存量4922例，合计61308例；昨天确诊存量为43258例，疑似存量2358例，合计45616例。7天内确诊存量减少13128例，日均减少约1875例；确诊与疑似合计存量减少15692例；重症存量从19日的11977例减少到26日的8346例。昨天，治愈率提高到41.4%，死亡率为3.5%。其中湖北的死亡率为4.03%。

全国除湖北以外其他地区，日新增确诊2月17日降到100例以下，21日降到50例以下，近5日在20例上下变动。其中20日出现异常，日新增确诊261例，主要原因是监狱发生疫情，山东任城监狱确

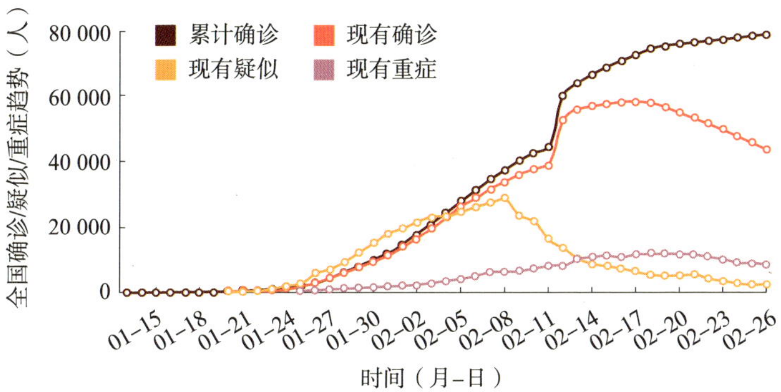

▲ 全国疫情走势

诊200例，浙江十里丰监狱确诊34例。

截至昨天，有不少省区已连续数日维持确诊零增长，全国已有14个省区把公共卫生重大突发事件响应由Ⅰ级调整为Ⅱ级或Ⅲ级。尽管疫情防控阻击战已取得决定性成效，但距彻底打赢这场人民战争还有一段艰难的距离。

“行百里者半九十”。23日，中央召开统筹推进新冠肺炎疫情防控和经济社会发展工作部署会议，习近平总书记讲话强调：“在充分肯定成绩的同时，我们必须清醒看到，当前疫情形势依然严峻复杂，防控正处在最吃劲的关键阶段。这个时候，必须高度警惕麻痹思想、厌战情绪、侥幸心理、松劲心态，否则将带来严重后果，甚至前功尽弃。各级党委和政府要坚定必胜信念，咬紧牙关，继续毫不放松抓紧抓实抓细各项防控工作，不获全胜决不轻言成功。”这是中央对疫情防控形势的最新判断、疫情防控工作的最新要求，我们要在清醒中坚强前行！

昨天路过紫荆山公园，看到湖边的垂柳已有淡淡的绿色。今天早上，郑州迎来了今年的第一场春雨。自然界的春天正悄悄到来，我坚信疫情防控的春天也终将到来。正如习近平总书记所讲，“中华民族历史上经历过很多磨难，但从来没有被压垮过，而是愈挫愈勇，不断在磨难中成长、从磨难中奋起。”中华民族不会错过任何一个春天！

2020年2月27日

▲ 紫荆山公园——垂柳

拥抱春暖花开

2月28日，农历二月初六。雨水节气已过去9天，天气渐暖。前两天经过紫荆山公园，看到柳树的枝条已变得嫩绿，迎春花、红梅正在绽放，甚至有几棵白玉兰也已开花，可谓“草芽菜甲一时生”，已闻到春天的气息。

前天晚上来了股小寒流，气温一下子降到零摄氏度上下。昨天早上小雨，和着寒风，体感温度应该在零摄氏度以下，已脱掉多日的棉衣又派上了用场。

由于防控疫情，春节后办公室的暖气就没有开过，而为了通风，窗子还要时不时开一阵子，室内室外温度差不多。在办公室坐一天，感觉腿脚冰凉。

昨夜10时多，忽然发现窗外飘起雪花，是那种大大的雪花。站在窗前，观赏了一阵子，觉得很有美感。雪花大小不一，大的如指甲盖，下的如米粒，伴着东北风，轻盈下坠，翩翩起舞。这种雪花只有在湿度较大、气温不是特别低的时候才能看到。寒冬时节，看到的雪花一般都是细粒状。

▲ 紫荆山公园红梅盛开

凝视窗外的雪花，突然想到了武汉。前两天，《头条新闻》公布了一段视频，报道的是武汉街头“流浪汉”的困境。他们不是真正意义上的流浪汉，而是“封城”前因各种原因被困在武汉的外地人。“封城”几十天，这个群体曾经被遗忘。酒店停业，饭店关门，食物匮乏，不少人不得不露宿街头。有些经济拮据的人，不得不捡拾剩菜剩饭，经历了人生中一段最难堪的日子。看了视频心里一阵酸楚。好在后来志愿者发现了他们，努力帮助他们解决困难。

在这件事上，武汉新冠肺炎疫情防控指挥部反应很快，昨天即下发了公告，要求区政府及有关方面提供救助服务，妥善安置并提供食宿等基本生活保障。

这两天武汉的天气也不好，今天还有小雨。在这段特殊时期，真希望武汉天天都有阳光、处处充满温暖！

昨夜的雪并没有下多久，大概11时多就停了。早上起来，地是湿的，已没有雪花的影子。经过一天的雨雪，空气湿润清新了许多。希望这是春天真正到来之前的最后一场雪，希望祖国大地能尽快进入仲春，拥抱春暖花开！

2020年2月28日

离全面战胜疫情又近了一步

3月2日，天阴冷。人们在不安中又度过了一个周末。疫情虽然没有得到完全控制，但上个礼拜还是发生了很多令人欣慰的变化。

2月22日，全国新增疑似病例882例，首次少于1000例，疑似存量4148例。2月22日之后，全国新增疑似病例日渐减少，3月1日仅为141例，疑似存量减少至715例。

2月22日，全国新增确诊649例，确诊存量51689例。3月1日，全国新增确诊206例，累计确诊80174例，确诊存量32741例；累计治愈44518例，累计死亡2915例，治愈率达到55.5%，死亡率为3.6%。

看这些数据，可以粗略得出以下三点认识：一是疫情已经得到有效控制。日新增疑似病例已连续7天稳定在三位数，如果不发生意外，应该会进一步减少，并最终趋于零。二是累计确诊病例不会再有太多增加。确诊病例主要从疑似病例中转化，目前疑似存量已降至1000例以下，新增疑似已连续两日低于200例，转化源已大大萎缩。三是治愈率提升会更快。治愈率2月22日为29.7%，3月1日为55.5%，基本以直线方式提升。在治疗水平不断提高的前提下，影响治愈率的两大主要因素为确诊增量和重症存量，前者已显著减少，后者从2月22日以来所占确诊存量的比例基本维持在20%左右（见表），相对稳定，所以治愈率还会提升的更快。这是三点令人鼓舞的变化。

但死亡率并没有下降，从2月23日突破3%以后，有逐步升高的趋

疫情统计表

日期	确诊保有量②	疑似保有量③	②+③	新增确诊⑤	治愈出院⑥	⑤/⑥
2月22日	10968	51689	21.2	107	0.97	
2月23日	9915	49910	19.9	150	1.5	
2月24日	9126	47760	19.1	71	0.78	
2月25日	8752	45697	19.2	52	0.59	
2月26日	8346	43352	19.3	29	0.35	
2月27日	7952	40011	19.9	44	0.55	
2月28日	7664	37502	20.4	47	0.61	
2月29日	7365	35420	20.8	35	0.48	
3月1日	7110	32741	21.7	42	0.54	

势，最近3天一直保持在3.6%。表中第6列为当日死亡人数占当日重症存量的百分比，虽然2月24日与23日相比有明显的减少，但没有形成趋势，近6日基本在0.5%上下波动。说明重症患者的治愈难度仍然很大。考虑到湖北患者的死亡率已经达到4.13%，以及现有确诊存量湖北仍占93.3%、重症存量湖北仍占96.6%的现实，估计全国最终的死亡率会接近甚至高于4%。

数字是冰冷的，4%的死亡率令人悲伤。但我们是在同一场从未有过的病魔做斗争，与一场突如其来的灾难相抗衡。我们能做到100%的

胜利，但不可能做到100%的治愈。8万多人感染、近3000人死亡的背后，是举国上下的众志成城，是几十万医疗大军的奋勇救治，是全社会力量的动员。相信这场疫情过后，有很多经验教训需要总结，更希望这场疫情之后，我们的公共卫生应急管理体系会得到重塑，依法防控、依法治理能力会得到全面提升！

2020年3月2日

期待一切恢复正常

3月3日，晴，天气回暖。早上上班时看到路上的行人和车辆渐多，心里突然有股暖流在涌动，有点久违了的感觉。新冠肺炎疫情发生之后，这个一贯热闹拥堵的城市，似乎一下子停止了律动，熬过了一个寂静而又漫长的正月，人们都在盼望着一切恢复正常。

其实，停止律动、没有了往日喧嚣的城市很多，郑州只是其中之一。郑州市2月4日下发通知，要求各居民小区实行封闭式管理，规定每户居民每天只能安排一个人外出采买，时间为上午9时至12时。说是采买，其实也就是买些菜、买点药、买点日用杂货，其他店铺都不开张。

我所在的小区从2月5日起执行封闭式管理，至今没有“解禁”。这是全民新冠肺炎疫情防控战争的重要组成部分，是控制疫情大规模扩散的重要措施。回过头看，全国疫情之所以能够很快得到有效控制，小区封闭式管理措施功不可没。

我正月初六带班，接下来的两周每周带班两次，可以凭单位上班证明进出小区，其他时间基本上待在家里。夫人已经退休，20多天没

▲ 紫荆山立交桥（2月17日）

▲ 紫荆山立交桥（3月3日）

有下楼，直到上周才下楼活动了一下。

小区封闭式管理已近一个月，不少人的心理和行为可能发生了很多变化，由最初的焦虑、不知所措，到后来的平静、规律生活，渐渐适应了这种宁静与平淡，有些人干家务的水平还长进了不少。但这毕竟不是生活应该有的样子，要生存、要发展，总不能老待在家里。

后天惊蛰，“惊蛰雷始”，万物将生机盎然。期待新冠毒魔能尽快灭尽，期待生活能够早日回归正常，包括那平时并不是很喜欢的拥堵与喧嚣。但我知道，对于有些家庭，生活将再也无法像从前那样。再此，谨表示深切的慰问！

2020年3月3日

生活在逐渐恢复正常

3月9日，小雨。微风吹在脸上，有点似暖又寒的感觉，湿润清爽。是春风!

前天周六，天气晴好，气温升到17摄氏度。玉兰花、木瓜海棠、梨花已经绽放，湖边垂柳枝上的嫩芽由黄转绿，已呈现出“万条垂下绿丝绦”的景象。公园里散步的人比上周多了不少，尽管大家还都带着口罩，但神色已很轻松。春天终归又回来了!

随着春天的回归，全国疫情防控形势也在发生根本性好转。昨天，全国新增确诊40例，新增疑似60例，已连续三天双双低于100例。截至昨天，全国累计确诊80735例，治愈出院58600例，治愈率上升到72.6%；确诊存量19016例，其中重症5111例，占确诊存量的26.9%，重症存量较一周前下降了约25%。重症减少是个好消息，有利于减少死亡人数，但恐怕对死亡率的影响不会大。3月3日的随笔中，我曾估计最终死亡率有可能接近甚至高于4%，昨天已达到3.9%，看来结局已很难改变。

随着全国疫情防控形势好转，各地也在积极复工复产。3月6日，

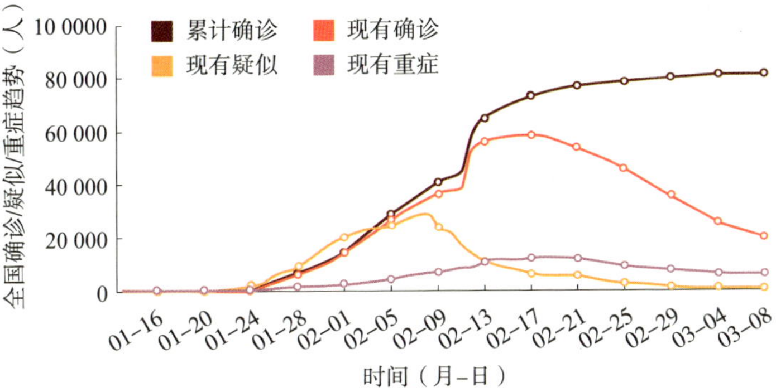

▲ 全国疫情走势

郑州市新冠肺炎疫情防控领导小组办公室下发通告，要求自3月9日起，恢复市区内机动车限行措施，恢复出租车（网约车）运营，恢复道路停管秩序。3月8日，豫疫情防指办下发通知，公布全省县（市、区）疫情防控分区分级名单，除南阳市宛城区降为Ⅱ级外，全省其他173个县（市、区）均降为Ⅲ级，这标志着全省疫情防控已取得决定性胜利。

截至目前，河南省共确诊1272例、治愈1246例、死亡22例，死亡率为1.7%，现有确诊存量4例。考虑到河南省人口基数大以及与湖北省交界的现实，能取得这样的成效实属不易，河南的“硬核”防控也在全国得到了广泛赞扬。

中国的疫情防控战争已经取得决定性胜利，防控措施、防控行动、防控成效得到了国际社会的广泛赞誉，但世界范围内的疫情蔓延却令人担忧。前天有报道说中国以外的确诊病例已达2万多例，这两天还在迅速上升，意大利、韩国均已突破7000例，伊朗6566例。意大利患者的死亡率达到4.96%，升至全球最高，已有14个省采取“封城”措施。美国虽然只报告确诊572例（美国东部时间3月8日晚7

时），但波及34个州，其中8个州宣布进入紧急状态。美国正处在大选季，政要们为了权势而罔顾民生的嘴脸着实令人惊恐。

病毒和疫情是全人类的威胁。在这场突如其来的重大疫情防控战争中，中国充分彰显了制度优势和大国担当，不知其他国家会交出什么样的答卷，更不知少数流氓政客会以什么样的方式被钉在历史的耻辱柱上。我们在祈福全人类的同时，也拭目以待！

2020年3月9日

敬畏呢？良知呢？

昨天郑州市最令人愤恨的事件当属郭某某确诊为新冠肺炎患者，使即将恢复正常的生活再次被搅乱。这是一个隐瞒多日的境外输入病例，从其活动轨迹看，足显此人无敬畏、无良知。

据报道，郭某某3月1日由北京飞阿联酋阿布扎比；3月2日由阿布扎比飞意大利米兰；在意大利活动5天后，3月6日由米兰飞阿布扎比；次日由阿布扎比飞北京，然后乘机场大巴至北京西站，再乘火车回郑州。到郑州后，不报告、不自行隔离，于3月8日、9日先后4趟8次乘坐地铁1号线、5号线往返于居住地与单位之间，并在某写字楼上班两天。3月10日经大数据比对，发现其有境外旅居史，民警上门询问核对后对其采取隔离措施；3月11日确诊。截至昨天中午12时，已初步判定密切接触者24人，均进行集中隔离。

从确诊日期看，他应该是在意大利期间被传染，后由意大利米兰到郑州，之间4次更换交通工具，到郑州后8次乘坐地铁。另外，朋友圈还提醒说，他曾在单位食堂吃过饭，去过花卉市场、药店和某个镇等地，到过3个高速路口检查拍照。这么频繁地出入公共场所，与他有过接触的人恐怕不止24个，不知有多少人要为他的缺德行为承受巨大的心理压力。

3月1日，国内疫情防控正处于关键时期，而意大利已报告确诊病例1128例，列韩国之后成为全球第三。明知疫情严重，他还敢去意大利（据说是去看球赛）并停留5天，这真的是缺乏最起码的敬畏之心，是对政府实施封闭式管理和全城人民甚至更多人的共同努力的严重亵渎。

如果出去不回来也罢，他还回来了。回来了还隐瞒不报、四处乱跑。真是丧失良知、缺乏底线意识。郑州已经保持19天确诊病例零增长，并从3月9日恢复交通秩序，一切却因他而改变。

据说，市政府昨天上午刚研究决定，3月16日起居民出行正常化、17日全市公交正常化……生活逐步恢复正常。由于他的确诊，下午便作废了会议决定。一个人的无敬畏、无良知，影响到一个城市的正常生活生产，代价真是太大了。

网上骂他的人很多。有人说他比蝙蝠还能飞、比蝙蝠还毒。我赞同！据说，他已因涉嫌妨害传染病防治罪被立案侦查，我觉得还应该加一条：涉嫌危害公共安全罪。另外，除了对他本人追责，他的家庭成员、单位领导也应该承担隐瞒不报的责任。

此事件当引以为戒，绝不能再发生第二例！

2020年3月12日

踏　青

3月15日，农历二月二十二，风和日丽，春暖花开，正是仲春时节。早上起来，有种外出的冲动，和夫人一商量决定去郑州东区龙湖湿地公园转转。

这是今年春天的第一次外出。搁在往年，春节到现在至少也得出游三四趟，什么始祖山、九龙潭等地，都应该去过了，而这几天正是到新密市尖山乡观赏油菜花、杏花的时节。可今年不一样，上次开车是正月初二，从老家返回郑州，之后就再也没有离开过居住地、再也没有动过车。

上午9时多出门，半个小时后到达龙湖湿地公园。对路不是太熟悉，稍微耽搁了点时间。上一次去龙湖是6年前的事，当时正值龙湖开发初期，湖刚挖好，有水面，但道路和景观还未成形。那次是和夫人骑自行车误打误闯去的，一晃6年，龙湖变化很大，朋友也多有推荐，但一直没有去过。

龙湖是东区开发规划中规划的水域景观，是东区水系的中枢，水面最大，景观建设要求最高。东区水系最早的规划由我原来所在的单位于2003年提出，印象中规划的龙湖水面面积是西湖的两倍，水深0.5~2米。随后，东区开发建设启动，先后建成了CBD如意湖、大学园区龙子湖、CBD运河，整治了金水河、七里河、熊耳河、魏河、东风渠等。可能因为规模和定位问题，直到2013年龙湖才开工建设，与其他项目比相对较晚。

今天主要游览龙湖湿地公园和森林公园，是龙湖的一小部分。湿地公园位于龙湖西北角，占地面积16.4万平方米，水面面积3.88万平方米。园内景观以水为主题，河曲悠悠，小径交错，栈桥雅致，岛屿玲珑，全是人工所为，但不失自然本性，流连其中仍有一种清幽之感、芝兰之香。河曲边垂柳嫩绿，土坡上樱花粉白，一簇簇连翘花金黄耀眼，一朵朵白云轻盈浮水，确实有阳春三月之感。

▲ 龙湖湿地公园

▲ 樱花

森林公园在龙湖西南角，与湿地公园相邻，形似一个拔地而起的土丘，由挖湖的弃土堆积而成。土丘上植有各种树木，山顶建有观景亭。土丘看起来并不雄伟，但在市区一带可能是海拔最高的地方。土丘上移栽的树木大多还没有发芽，看上去有点荒凉。

紧邻湿地公园是滨湖路，行道树多为柳树，两排整齐相对，已经有点绿柳成荫的感觉。由滨湖路顺着缓坡下去便是水边。缓坡上的草地还未发芽，坐上去软软的，好似地毯。靠近水边是人工铺就的碎石，有几个小孩在试着打水漂，也有父子在一起放风筝的，不时能听到欢快的笑声。

公园里游人颇多，老的少的皆以口罩遮脸，悠闲安静中能看到众多放松的眼神。这应该是郑州市今年的第一个春游日，大家都在小心翼翼地释放着心里那久积的抑郁。我也一样。

天气不错，景色尚可，但心并未完全舒展开，时不时还牵挂着远在美国的孩子们。国内疫情已基本得到控制，3月7日以来，全国日新增确诊病例已连续8天低于50例，治愈率已上升到昨天的82.7%，但国外的情况却一天比一天糟。截至3月14日，国外累计确诊达到61518例，当日新增9751例，其中意大利和伊朗疫情最为严重。欧洲已呈蔓延之势，多国宣布进入紧急状态。美国高层对疫情防控一直处于思想混乱和不作为状态，备受争议。在各方压力下，总统特朗普终于在美国东部时间3月13日下午宣布进入“国家紧急状态”，来得有点迟，但总算引起了重视。根据之前所了解的情况，在美国一旦染病，会很无助。所以，这两天一直叮嘱孩子们，最重要的是做好自我保护，必须做到，一定要做到！

半日游，虽不及登山来的酣畅、自在，但总算没有错过仲春。回到家看了一下微信，武汉的一位同学说她55天没有下楼了，心里一下子又有一丝愧疚感。武汉加油！同学们加油！相信你们一定不会错过这个春天！

2020年3月15日

“东边太阳西边雨”

3月17日，风和日丽，最高气温24摄氏度，中原地区地道的仲春天气，很适宜户外活动。

这几天国内的疫情防控形势也在走入春天，全国已连续10天日新增确诊病例低于50例，非常令人鼓舞。3月15日新增16例，其中境外输入12例；昨天新增21例，其中境外输入20例。武汉3月11日至今，日新增病例为个位数，昨天仅1例。截至昨天，全国累计确诊80881例，累计治愈68679例，治愈率达到84.8%，累计死亡3226例，死亡率4.0%。现有确诊存量8976例，疑似存量128例。

从这一组数据看，我国的疫情防控战争已经取得决定性胜利。作为一般老百姓，心情肯定放松了许多。但从专业和社会角度讲，还不敢掉以轻心，以防反弹。

这几天，大家的关注点可能更多的是在国外，特别是意大利、伊朗、英国和美国等一些国家。截至3月16日，国外累计确诊86343例，已超过中国，治愈9937例（治愈率11.5%），死亡3388例（死亡率3.9%）。

疫情在欧洲已呈扩散之势，截至昨天，累计确诊65754例，占国外确诊总量的76.2%。意大利占欧洲确诊总量的42.6%，死亡率7.2%，是疫情最为严重的国家。其次是西班牙，占欧洲确诊总量的15.1%。

亚洲最严重的国家是伊朗，累计确诊14991例，占亚洲确诊总量（除中国外）的53.9%，死亡率为5.7%。伊朗已完成对1400万人的排查，其中有相关症状的人员达到73435人。

美国于3月13日宣布进入“国家紧急状态”，累计确诊病例由3月12日的1322例升至昨天的4629例。由于前期不作为以及检测能力受限等影响，估计确诊量近几日会有较大幅度增加。最新消息，3月16日疫情严重的纽约和洛杉矶，官方已下令于周日关闭当地的餐厅、酒吧和咖啡店，旧金山已于今天决定“封城”。

欧洲令人关注的另外两个国家是瑞典和英国。瑞典官方12日决定停止对新冠肺炎确诊病例统计，不再对轻症患者和疑似患者进行检测。这个决定引起国际社会高度关注，世卫组织发言人更是对瑞典喊话：“任何国家都不应该放弃努力（let it go），不能自暴自弃（give up），不能说已经这样了，那就等着感染病毒吧。”

一波未息，又起一波。据说，在12日英国内阁举行的紧急会议上，首相约翰逊宣布英国进入应对疫情的第二阶段——“延缓”病毒传播。英国首席科学顾问瓦伦斯在解释这个应对措施时说，预计英国将有60%的人口会感染新型冠状病毒，目前制定的政策是让民众尝试创造免疫力。听起来也是任由其发展，放弃防治。更可怕！不过有消息预告，英国政府将在今天宣布应对疫情的新措施，也许会改变策略。

疫情是全球的敌人，流行病是全人类的灾难。当今社会，人类命运早已紧密联系在一起，谁都不可独善其身。所以，疫情防控是全球的共同责任，这是国际社会有识之士的共同认知，也是中国政府的一贯主张。

危难时刻方显担当。目前，中国已对意大利、伊朗等国家开展物资和医疗专家援助，塞尔维亚、西班牙、菲律宾等国也已向中国求援。中国经验、中国道义广受称赞。也许通过这场疫情防控战争，能使国际社会更加了解中国文化、中国修养、中国能力，但也别指望美国那些整天“满嘴跑火车”的无耻之徒会有任何良知的发现，他们只有嘴上的“道义”。

今年注定是不平静的一年，特别是对那些国外有亲属的人。前两个月是在国外人的担心在国内的人，是他们担心我们，现在倒过来了。虽然都是担心，但感受却不一样。在国内，最多的感受可能是被传染的风险，在国外也许更多的是无助。但愿疫情在全球范围内能尽快得到有效控制，并最终消除！

2020年3月17日

补记：17日下午，英国首相鲍里斯·约翰逊与财政大臣瑞希·苏纳克联合主持了当日的疫情发布会，会上承诺：英国政府将像战时政府一样行动，一方面加紧支持医疗系统，增加医护人员，增加医院床位；另一方面积极扶持经济，帮助困难企业渡过危机。这意味着政府将主动防控，而不是放弃。

零！零！零！

3月18日，湖北省新增确诊病例为零！新增疑似病例为零！现有疑似病例为零！

这是人们期盼已久、奋战已久的结果，值得举国祝贺！至此，可以说新冠肺炎武汉阻击战、湖北阻击战已取得胜利，接下来要做的是巩固阻击战胜利成果，并打好现有确诊病例的“歼灭战”，使更多的患者康复出院。

截至昨日，全国确诊存量为7438例（重症2314例），其中湖北6992例。按照目前的治愈速度（近5日平均约为每天850例），可能还需要10余天时间，当然这是一种简单的推算，实际情况可能会更长。3月14日死亡率已达4.0%，并一直维持到昨天。估计这个百分比不会下降，因为现有确诊存量中重症病例占到31%，比过去高。这也符合一般规律，越往后越难。期待着最后一个零的尽快实现！

目前国外的情况很糟糕，截至此刻，中国以外累计确诊已达138024例，死亡5711例，增加的势头很猛。北京时间18日24时，美国累计确诊为9345例，24小时内增加了3451例，已呈失控态势。鉴于美国当前的防控措施，恐怕下一个“震中”将是美国。

从中国的防控成效看，疫情虽可怕，但可控。悲哀的是，美国高层的某些人，直到今天还在打嘴仗、“甩锅”、污蔑他国。尤其是特朗普，别有用心地叫嚣新冠病毒为“中国病毒”，这不仅仅是在推卸自己不作为的责任，更是在散播仇恨的种子，可能会引起令人恐惧的后果。祸不单行，美股近10天4次熔断，道琼斯指数累挫近10000点（近30%），回到特朗普执政初期的水平。特朗普执政四年会给美国留下些什么政治遗产？经济崩溃？国际领导力丧失？“特朗普病毒”？都有可能！

2020年3月19日

春暖花开

周末天气很好，温度在27摄氏度上下。小区虽仍坚持进出扫码，但对出行已无限制。紫荆山公园人流如织，一派祥和景象。紫荆、碧桃、丁香、樱花、海棠、紫叶李等都在怒放，真正的万紫千红、春色满园。

举家游园者颇多，小孩子们显得特别快乐。防疫数十天，成年人都有些烦躁，更别说平时爱动的儿童们。

公园里有几处水面，吸引了很多人。大人们提着塑料小桶，小孩子拿着塑料小抄网，专心致志地捞蝌蚪和鱼苗。有些家庭收获颇丰，桶里漂着一层黑黝黝的蝌蚪。塘边的苇草里或石头下会时不时传出几声蛙叫，好像在为她们那些不幸的新生儿哀鸣。两天下来，估计得有数千只蝌蚪离开水塘，早早地走完了生命历程。

花为美人开！靓女们在花丛里闻香拍照，试图留住一年中最美好的时光。年年春来，岁岁花开。但今年不一样，大家对春天的期盼可能更为炽烈，对大自然的热爱可能更为深沉。

除境外输入病例外，国内已连续数日新增确诊为零。生活在慢

▲ 桃花盛开

慢恢复正常，人们的心情也在慢慢舒展。再过一两周，大家也许会摘掉戴了数十日的口罩，一切又如往常。但真的不希望会好了疮疤忘了疼，总应该从这次灾难中吸取点什么。

有感所见，写了一首七绝《疫情后游园》：

闭门防疫数十天，春色悄悄入故园。
若问此番何所悟，人生最美是悠然！

2020年2月23日

网上拜祖

3月26日，农历三月三。相传三月三是黄帝的诞辰日，中原地区有“三月三，祭轩辕”的说法。据记载，轩辕黄帝故里在今河南省新郑市，春秋时代就有登新郑具茨山朝拜黄帝的记载，唐代以后渐成规制。从2000年开始，新郑市每年都要举办拜祖大典，2006年这项重要活动升格为“黄帝故里拜祖大典”，成为国祭。

前年我曾参加过现场拜祖，嘉宾近万人，包括来自40多个国家和地区的华侨、商会、基金会、宗亲会、同乡会、客家人联合会以及国内各有关方的代表，重要嘉宾有：全国政协副主席王正伟，原十届全国人大常委会副委员长、中华炎黄文化研究会会长许嘉璐，原十一届全国人大常委会副委员长桑国卫；中国国民党前副主席蒋孝严，各民主党派中央和全国工商联领导，河南省委书记王国生、省长陈润儿，郑州市领导等。许嘉璐担任主拜人，议程9项，分别是：盛世礼炮、敬献花篮、净手上香、行施拜礼、恭读拜文、高唱颂歌、乐舞敬拜、祈福中华、天地人和。整个活动庄严、隆重。大典除新郑市主会场外，还在中国香港、澳门、台湾和美国旧金山、澳大利亚悉尼、加拿大温哥华设立了6个分会场，异地参与这场盛大活动。

今年的拜祖大典照常举行，仍以“同根同祖同源，和平和睦和谐”为主题，以“长江黄河共战‘疫’，轩辕黄帝佑中华”为主旨，遵循议程不变、规格不降、影响力不降的原则。但考虑到疫情影响，现场不再安排集体表演和群众参与，以视频连线形式向全球直播。

特殊时期，“和平和睦和谐”显得尤为重要，相信这场重大活动将为中华儿女增添更多的自豪和自信，为全世界华人送去诚挚的祝福和战胜疫情的信心！

病疫猖狂终有日，寒冬过后是春天。

齐心共筑昌盛梦，华夏文明永续传。

2020年3月26日

“美国第一”

美国中部时间3月26日，全美累计确诊病例为85400例，超过中国（82078例）、意大利（80539例），位居世界第一，反超速度令人震惊。3月19日，美国累计确诊为14094例，一周内增加了506%。同期，意大利由41035例增加到80539例，增加了49%。

从几个疫情严重国家的统计资料看，累计确诊病例过千的日期分别为：意大利3月1日，伊朗3月2日，西班牙3月9日，德国、法国和美国3月11日。从累计过千到累计过万，基本上用了8~11天的时间。虽然几个国家疫情暴发的时间有7~10天的差别，但早期的发展趋势很相似。说明早期人为干预度基本相当（很小），疫情发展遵循本次病毒传染的一般规律。

累计确诊病例由1万到2万，美国大约用了2天时间，意大利4天，伊朗9天，西班牙11天，德国12天，法国15天；而从2万到3万，美国大约用了1.5天，西班牙2.5天，意大利、德国3天，伊朗8天（29406例）。目前，突破4万例的国家有美国、意大利、西班牙和德国。其中，意大利、西班牙和德国发展趋势仍然相近，美国更猛，伊朗似乎有逐渐趋于控制之势。粗略看，疫情暴发之后防控是否做得扎实非常重要，最鲜明的对比可能就是中国与美国，前者累计确诊从过千到8万用了36天时间，之后25天仅增加了1904例，可以说已经得到有效控制；后者累计确诊从过千到8万只用了15天，而且还处于快速上升期，远没有看到曙光。

美国和欧洲几国最终会有多少人感染？这是很多人关注的事情。政府官员、科技人员都有各自的预测，我个人感觉累计确诊病例意大利可能要突破10万、美国可能要突破20万。希望我是错的！

2020年3月27日

向上，向上，向上！

3月26日郑州刮了一天大风，温度骤降了十几摄氏度，一下子又转入冬天模式。寒流经过伏牛山区，竟然带来了一场雪。27日，高中同学在微信上发了几张照片和一段视频，看起来雪下的还蛮大。

▲ 雪压连翘

▲ 山桃花

今天早上同学又发了一组照片，说昨天晚上又是一场中雪。三月降雪并不是很稀奇，但近十几年好像没有听说过。昨天有朋友到嵩山登山，也发了几张雪景，盛开的连翘花被白雪覆盖，有点腊梅傲雪的味道，只是枝头已发出嫩绿的新芽，多了一分生机勃勃的气象。

这个季节大家更期盼春雨，一夜润物，百花吐蕊，生机盎然。一场雪来得可能有点唐突，对即将盛开的杜鹃花会有影响，甚至会造成果树减产。

我一向喜欢雪景，看了照片便有一股踏雪寻幽的欲望，只可惜不曾相遇。郑州去年冬天是个干冬，基本上没下过一场像样的雪，同学和朋友的照片勾起了我那早已忘怀的缺憾。踏雪要等到今年冬天了。

这两天踏青游春才正当时，很多人都不愿错过。昨天我就和朋友到始祖山游了一趟，正是春暖花开、万物竞发的时候，一切都有着一股向上的意念。穿越在羊肠小道间，感觉到周边皆是全新的生命，紫红色的山桃花、粉白色的山梨花在丛林中绽放，看上去没有公园里的高贵，但自在、超然，只与风云舞、与蜂蝶语。蒲公英如金菊，小蒜如青葱，在不起眼的地方数着春的日子。林间那刚刚破土而出的小树苗，生出三五瓣叶子，看似柔弱，实则坚强，不怕风雨，紧抓阳光，一心只想着向上、向上、向上！

山里一片宁静，时不时会听到啄木鸟那怪怪的声音，或惊起一两只野鸡，低低地掠过草丛。置身山野，感觉自己才是个客人，一举一动都应小心翼翼，别扰乱了那由来已久的宁静与和谐。

站在山顶，一切尽收眼底。山坳间房舍散落、小路弯弯、梯田层层、黄绿相间，犹如版画。黄的是油菜花，绿的是冬小麦，一派田园风光。这样的景色只有这个季节才能看到。

春天是美好的，春天更是向上的，孕育新的生命，带来新的生机。万物有灵，都不会错过春天。我们也莫错过春天！

2020年3月29日

愿逝者安息！

清明节是中华民族的传统节日，源自上古时代的祖先信仰和春祭礼俗，兼具自然与人文两大内涵。清明时节，阳气旺盛，阴气衰退，万物吐故纳新，大地春和景明，正是踏青和祭祖的好时节。缅怀先祖、慎终追远，传承中华文明、凝聚民族精神，都是清明节的要义。

今年清明节气氛尤为凝重、悲恸，因为我们正在经历着人类历史上一次深重的灾难、一场抗击新冠肺炎疫情的艰难斗争。在这场斗争中，有不少英雄成了烈士，有不少家庭失去了亲人。为缅怀和哀悼他们，国家决定4月4日全国降半旗致哀，并于上午10时进行举国哀悼，鸣警笛、寄哀思3分钟。英雄走好！祖国因为你们的付出已经基本战胜了这场病魔，生活生产正在回归正常。愿逝者安息！你们的离去使更多人懂得对生命的关爱与珍视。

国人在哀思，全球的疫情仍在恶化，尤其是美国，累计确诊4月4日突破30万例（312269例），4月6日达到367709例。从15万例到30万例，翻番用了不到8天时间，速度令人惊恐。其中，纽约、新泽西、密西根、加利福尼亚排前4，确诊过万例的州有9个，确诊人数合计占全美的74.5%。疫情最为严重的纽约和新泽西，累计确诊分别为131815例和41090例，占全美的35.9%和11.2%。

截至4月6日，全美累计死亡10925例，死亡率2.97%。美国无疑是目前的疫情“震中”，确诊人数已占全球的30%。

其实美国一开始情况并没有那么糟糕，累计确诊人数3月17日还低于欧洲疫情较严重的多数国家（除英国外），但后期发展的很快，3月27日反超欧洲所有国家，之后如脱缰野马，一路狂奔，4月6日达到欧洲疫情最严重的5个国家之合的70.2%。从3月17日到4月6日，短短20天，美国累计确诊病例增长了78.45倍，超出任何人的想象。近几日，欧洲几个国家的疫情有收敛的苗头，但美国还没有。

4月6日，英国累计确诊已突破5万例，排西班牙、意大利、德国、法国之后。欧洲几国中，英国的情况有点特殊，一是疫情发展最平缓，累计确诊总量最小。二是“中招”者中既有王室成员，也有政府首脑。查尔斯王子于3月25日检测呈阳性，已隔离10多日；首相鲍里斯·约翰逊3月27日确诊，4月6日转入重症监护室，情况好像不妙。这是否与英国政要早期的“轻敌”有关。看来病毒不仅不认国界，也不认贵贱，谁若蔑视它谁就会“中招”。

我们已走在春和景明的路上，欧洲还有多远？美国又会以什么样的结果结束这场灾难？

2020年4月7日

忧心忡忡

新冠肺炎疫情发生近3个月以来，很多人都经历了一段从未有过的心路里程。从1月20日习近平总书记作出重要指示、李克强总理作出重要批示，到1月23日武汉“封城”，再到1月24日之后各地先后启动重大突发公共卫生事件Ⅰ级响应，疫情影响逐步扩大，疫情防控的警报逐步拉响。感受到“闹心”“忧心”“痛心”，心情始终阴郁、难以舒展。疫情发生以来，武汉、湖北成为人们关注的焦点、国家支

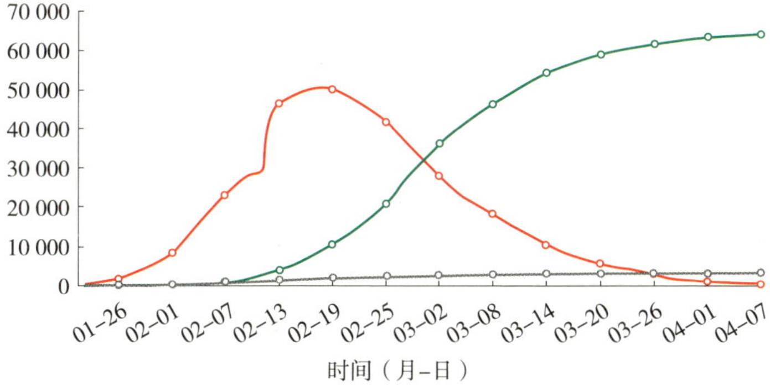

▲ 湖北现有确诊（红线）、累计治愈（绿线）和死亡（灰线）

援的中心，每一项举措、每一个头条都会在舆论和媒体间激起波澜，尤其是自媒体。自己虽不在武汉、湖北，但对那里发生的一切都高度关注，也写过几篇随笔。

“武汉胜则湖北胜，湖北胜则全国胜”，这是疫情防控关键时期习近平总书记发出的号召。经过2个多月的奋战，这一号召已变成现实，全国疫情得到有效控制，武汉、湖北也于今天解除外出交通限制，与全国“复网”，疫情防控重点转移到防境外输入。

这场疫情对于不少家庭来说是“双重忧心”，既忧心国内，又忧心国外，我家便是其中之一。疫情暴发早期，忧虑的焦点是国内。进入3月，国内疫情防控形势迎来根本性好转，国外疫情逐步暴发，关注的焦点也随之扩展到国外。开始是伊朗、意大利，后来是西班牙、德国、法国，再后来是英国、美国。

3月初美国确诊病例只有百十例，未引起多大担忧。女儿每天关心的是国内的情况，常常提醒我们要注意保护好自己。3月13日美国宣布进入“国家紧急状态”，疫情形势急转直下，到昨天已经累计确诊近40万例，占全球累计确诊总量的近30%。女儿居住在洛杉矶大都市圈，虽不及纽约的疫情严重，但一个30万人口的小县已有近千人感染，感染率远高于国内除武汉以外的其他城市和县区。所以，从3月中旬开始，担忧的方向反转，每日唠叨叮嘱的人变成了我和她母亲。对她们的担忧不只是疫情，还有其他因素，比如人身安全，这恐怕也是很多家庭对身处国外的子女的担忧。

前段时间看到美国人抢购枪支、一些家长期望国家能够组织撤离年幼留学生的贴子，网上曾就这些事发生过争吵，有不解的，有嘲讽的，甚至还有谩骂的。其实我觉得都是情理之中的事，大可不必讥讽、谩骂。

譬如购枪一事，这是美国人自保的一种需要。美国是一个提前

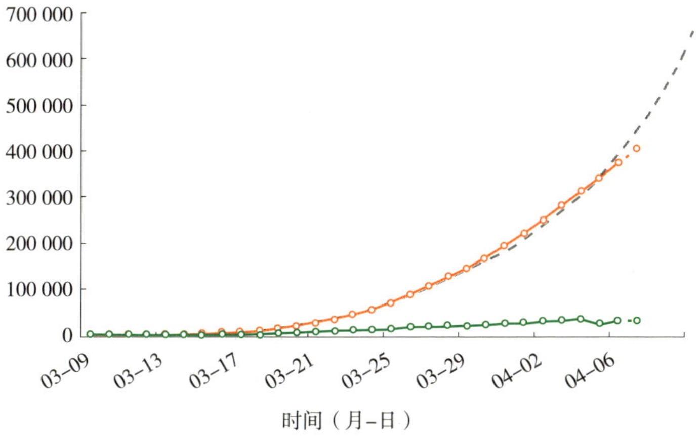

▲ 湖北现有确诊（红线）、累计治愈（绿线）和死亡（灰线）

消费的社会，很多人家是“寅吃卯粮”，手中没有应急存款。这与中国的家庭有很大区别，造成美国社会的自稳性差。这恐怕也是为什么疫情一暴发，美国政府就要给大家发钱的原因（报道说成年人1000美元，未成年人500美元），绝不是单单地为了刺激经济。一旦有大量人员长时间失业（很不幸，有报道说初次申请失业人数已超千万），发生骚乱、抢劫是大概率事件，自保是必须考虑的问题。对于亚裔，在这次疫情中更需要有自保意识（据说有些城市的华裔还成立了“自卫队”），疫情恶化到一定程度，种族歧视不可避免，尤其是当国家领导层不断发出恶意的信息，散播仇恨的种子。所以，对于亚裔来说，人身安全所面临的威胁可能比疫情更可怕。

对于年幼留学生的撤离也应该理解。他们大多数可能都是住校生，还不具备自理能力。学校停课、食堂关闭对他们影响很大，心里会充满各种恐惧。作为父母，能不担忧吗！

另外一种恐惧来自无助。美国不像中国，在中国，一旦有症状可以很快进行诊断，一旦确诊可以很快住院进行治疗。国家、社会在开展积极防控、义务性排查、义务性治疗。在美国，情况没有那么好。有关方面的信息大家可能已从网上看到很多，主动性排查不够，住院治疗比较困难，可能有相当多的患者是在家里等待自愈与死亡的博弈，承受着一种无助的绝望，甚至还没有来得及治疗人就没了。

美国疫情暴发以来，我和夫人的心就一直揪着，焦虑与日俱增。累计确诊已经近40万，还没有看到减缓的趋势，何时能出现拐点？在美国的一个同学昨天预测说，4月中旬会出现平台期，累计确诊约50万例。我感觉预测的有点乐观，希望他是正确的。

2020年4月8日

首相出院

当地时间4月12日，感染新冠肺炎的英国首相鲍里斯·约翰逊出院。约翰逊3月27日确诊，4月6日转入重症监护室，病情牵动着不少人的心。毕竟这是新冠肺炎流行以来第一个进入重症监护室的政府首脑，而且是西方发达国家的政府首脑。

出院后，约翰逊发了一条推特和5分钟的视频讲话。推特的大意

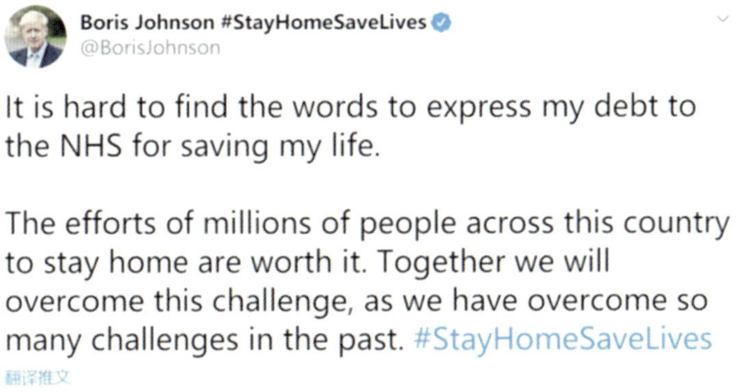

▲ 约翰逊推特截图（海外网）

是："我欠国民医疗体系（NHS）一个情，这个情很难用言语来表达。全国千百万人居家隔离的努力值得，就像历史上我们曾经战胜过很多次挑战一样，我们将一起战胜这次挑战。"视频讲话内容更多些，但大意差不多，强调是英国国民医疗体系拯救了他的生命，是医护人员救了他一命；感谢英国民众在疫情期间付出的努力和牺牲。

能被从死亡线上拉回来是幸运的，对医护人员感激不尽也是应该的。相信在阎王殿前走一遭，他对本次疫情的灾难性后果会有更深刻的认识，对疫情的防控也许会更加积极。

不知是不是巧合，同日英国政府表示向世卫等国际组织注资2亿英镑来遏制病毒在发展中国家的扩散。其中，6500万英镑将分配给世卫组织，7000万英镑分配给红十字会等联合国系统外的组织。世卫组织总干事谭德赛对此表示十分感谢。

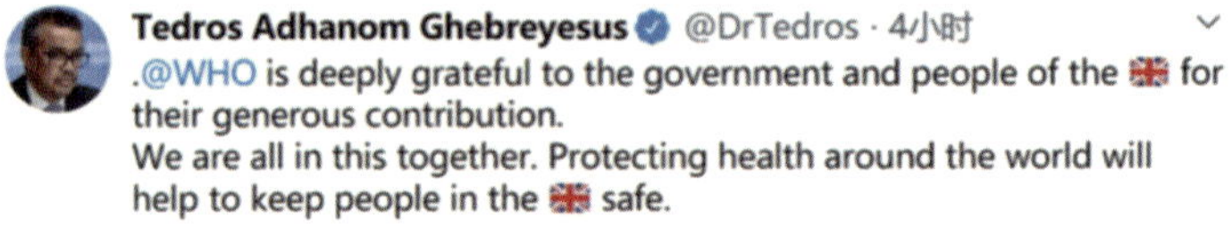

▲ 谭德赛推特截图（环球网）

与英国的义举相比，美国的表现却很不地道。连日来，特朗普带头与某些政客一起攻击、抹黑、威胁世卫组织，称世卫组织"偏袒"中国，污蔑世卫总干事谭德赛是中国的"殖民代理人"等。是什么让他们恼羞成怒？我看：一是世卫组织说了实话，中国比他们做得好，他们无法接受；二是意识到自己罪责难逃，要通过不断"甩锅"来减轻罪责、减轻心灵深处的恐惧和负罪感；三是为"秋后算账"埋下伏笔，不管是自己的账还是别人的账，总归是要算的。谭德赛先生回应说，"如果不想看到更多的裹尸袋，就不要将它（病毒）政治化。"这话很到位。其实，抛开其他一切不说，特朗普在历次记者招待会上的言行已说明一切，实在没有必要进行更多评价，而美国疫情的发展趋势更是政府决策和行动效果的直接反映，谁也改变不了。

截至4月12日，美国累计确诊突破56万例（约占全球的32%），日增量仍在2万例以上（曾连续5日增量大于30000例，单日最大34405例）；死亡22123例，日增量约1500例（单日最大2045例）。累计确诊有13个州超过10000例，19个州超过5000例。东部地区疫情最为严重，累计确诊纽约州达到190288例，新泽西州61850例，马萨诸塞州25475例。这与中国疫情高峰期的情况完全不同。如果与中国当时的救治标准对比，美国的医疗资源崩溃应该是不言而喻的事。如何战胜病魔、走出死亡？特朗普在乎吗？蓬佩奥在乎吗？……

这几天国内疫情平稳，网上争吵最激烈的是《方方日记》的英文版和德文版的预售。她的日记我看过一些，说实话不喜欢，有点戾气太重。不过这已不重要，也不是大家争论的焦点。焦点是为什么要这么急呼呼地在国外出版？对可能给国家、民族带来的麻烦她考虑过没有？还需要任何辩解、“洗地”吗？也许有一天，她说什么都会显得苍白无力！

2020年4月13日

疫情何日终结?

已经有10天没有写新冠肺炎疫情的随笔，不是因为疫情已经结束，而是有点看不到希望、有点在沮丧中渐渐麻木的感觉，不知道什么时候才是尽头。

按照今天国内统计数字（与其他国家有时差引起的差别），全球累计确诊2482282例，治愈608973例，死亡168958例。治愈率为24.5%，死亡率6.8%。其中，治愈率中国为92.6%，美国为9.1%；死亡率均为5.5%。由于美国累计确诊达827358例，接近中国的10倍，相同死亡率下，美国死亡人数为45447人，是中国的9.79倍。据说，美国本土发生大规模死亡事件只有三次，前两次分别是南北战争和1918年大流感期间，这次便是第三次。

截至昨天，在全球累计确诊病例中，美国占比达33.3%，且仍以每日两万多例的速度增长，继续“领跑世界”。看势头，美国的疫情本月底都不可能出现平台期，确诊总量突破100万例是大概率事件。

对于美国如此严峻的形势，很多人都为之着急，感觉其防控措施不力。但总统特朗普却不这样认为，他觉得自己已经做得很好，认为死亡人数远少于预期，甚至还专门做了一个几分钟的视频在白宫记者招待会上播放，为自己歌“功”颂“德”。疫情扩散以来，他把绝大部分精力放在了攻击中国、攻击世卫组织、攻击民主党执政的州上面，放在了“甩锅”上，而不是“真刀真枪”地指挥防控。如此行为，着实令人费解，甚至是恬不知耻！

这几天美国发生了不少值得关注的事，譬如，马萨诸塞州和加利福尼亚州的个别城市开展了随机性抽样检查，发现受检人员携带病毒的比例高达30%多，照此比例估算，携带病毒人数可能比目前已确诊的人数要高许多倍，疫情要严重的多；同时是否说明美国一部分人早已感染病毒并产生了抗体。又如，有些州发生了“反居家隔离”的抗议游行，打出了“Live Free or Die”（要么自由，要么死亡），特朗普对此甚至表示支持，责怪有些州的防控措施过于严格（当然被指责的都是民主党执政的州）。再如，反对科学抗疫，甚至有人认为比尔·盖茨“制造了新冠病毒”，他是“计划灭绝人类的恶魔”。反对科学防疫不仅发生在美国，英国、荷兰、澳大利亚也有，甚至有人认为病毒是无线通讯塔引起的，并烧毁了一些5G信号塔。疯狂的例子还有，使这场人类与疫情的艰难斗争无端地增加了很多破坏性因素。

美国总统着急“甩锅”最重要的因素恐怕只有一个——总统连任。大选马上来临，如果不是这场突如其来的疫情，特朗普连任的可能性很大。毕竟在任总统如果没有严重失误，一般都会连任。疫情之前，特朗普可谓信心满满，不管是高企的股市还是低位的失业率，都支持他的连任。可惜疫情打乱了局面，股市接连发生熔断，失业率步步攀升（申请失业人数甚至达到了2000多万），给他连任带来了巨大麻烦，而逐渐失控的疫情又令他措手不及，他能不着急、不“甩锅”吗？

可惜呀！可恨呀！连任也许没有希望，但背负的历史血债恐怕永远无法洗去！

2020年4月22日

空气、阳光和水

万物离不开空气、阳光和水。它们既是必需品，也是奢侈品。说是必需品很容易理解，说是奢侈品就不一定。这三样东西，大家天天都需要，得来似乎也不那么难，所以感觉不到是奢侈品。但并不是所有的地方都能够均享这些必需品。

水对于有些地方，既充足又清洁；而对于另一些地方，则是既稀缺又不卫生。稀缺是因为资源匮乏，不卫生则与资源匮乏有关。且不说沙漠地带，我国西北地区就有很多地方严重缺水， 甚至可以稍带夸张地说“水贵如油”。近些年，国家一直在下大力气解决干旱缺水地区的饮用水安全问题，供水条件和安全保障能力有很大改善，但资源短缺的状况很难改变。对于这些地区的老百姓来说，有时多洗一次澡都会显得奢侈。这一点，生活在水资源丰富地区的人们可能很难有所体会。

空气对万物而言好像是与生俱来的东西，没有什么奢侈。过去也许如此，但当大气污染严重到一定程度时就要另当别论。相信华北地区的老百姓这些年感受很深，这里不缺空气，缺的是清新的空气、没有污染的空气。

近些年，华北地区冬季四个月的天空常常是一片混沌，蓝天远不如以前那么多，空气中散发着浓浓的味道，人们不得不在污浊的空气中度日。尽管国家也在下大力气治理，并取得了一些成效，但不可能再回到从前。影响因素很多，最根本的症结是人口膨胀、消耗过度。

▲ 优良的空气

阳光，不必天天都有，但绝对不可以长时间没有，那样什么都不会生长，甚至会“霉变”。我向来喜欢阳光，尤其是春天和冬日的阳光，给人一种温暖的感觉。

春天最好看的阳光当在早上六七点钟。旭日东升，微黄色的阳光透过梧桐树的新叶洒落在地上，一切都显得那样明亮、斑斓、柔和。迎着太阳或晨练、或上班，总有一股子清新的感觉。路边篱笆墙上盛开的蔷薇，五颜六色、婀娜多姿，身披清露阳光，胜似出水芙蓉，显得生机盎然。

春天的阳光总是给人一种向上的感觉，冬日的阳光则令人感到温

▲ 明媚的春光

馨。上午10时左右或下午3时前后正是阳光明媚之时，到公园走走，靠墙边坐坐，在寒冷中享受一阵子紫外线的辐射，会顿觉身体里阳气上升。干枯的草木显现着生命力，在蛰伏中蓄势待发，和阳光一道走向春天。

小时候最爱看太阳下自己的影子。随着时辰变化，从早上到中午，影子由无到有，由长到短，正午时分和身体重叠成一个点。一过正午，影子又由短变长，最后消失在夜幕下。阳光照在山上的影子如海滩上的潮水，早上从山顶徐徐退下，傍晚由山下缓缓收起，一退一收便是完整的一个白昼。

太阳的影子犹如时钟，日复一日，年复一年，把儿时的记忆刻在了大树下、墙壁上。

空气、阳光和水，万物生存之根本，谁也离不开它们，看似取之不尽用之不竭，实则非然，同样需要保护！

2020年4月23日

突破百万

今天零时，美国约翰·霍普金斯大学统计数据显示，全球新冠肺炎确诊病例已突破300万例，其中美国突破100万例，占全球的三分之一。全球死亡208131例，其中美国56621例，占27.2%。美国疫情最严重的州仍然是纽约州，累计确诊达298442例，死亡22668例；新泽西州次之，累计确诊111188例，死亡6044例。加州目前排第五位，累计确诊44966例，死亡1779例。全美累计确诊超过2万例的州有12个，其中纽约周边地区占5个，东部地区无疑是疫情最严重、最集中的地区，可能与邻近大都市纽约有很大的关系。

目前，疫情最严重的欧洲国家是西班牙，累计确诊229422例，意大利接近20万例，法国、德国、英国均超过15万例。死亡率，法国14.05%，意大利13.5%，英国13.3%，西班牙10.2%，德国3.9%。从救治情况看，德国做的最好。

从日新增确诊病例峰值看，意大利出现在3月22日，其他依次为德国（3月28日）、西班牙（3月31日）、法国（4月4日）、英国（4月11日），之后虽有波动，但似有逐渐减少的趋势。美国单日新增最

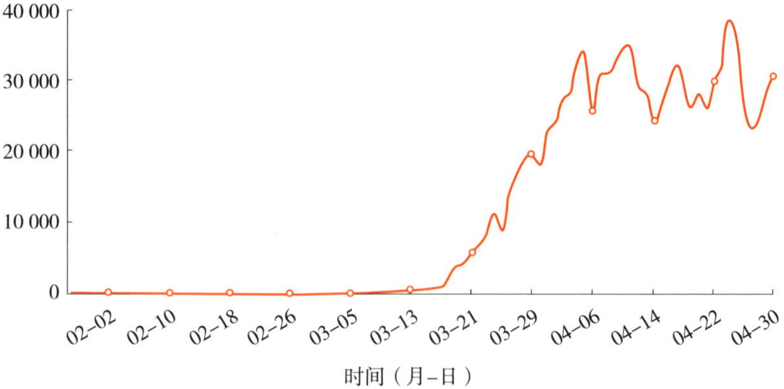

▲ 美国新增确诊趋势

大值出现在4月24日（38958例），日新增从3月31日超过2万例后，至今仍在3万例上下浮动，没有减少的趋势，基本上处于失控状态。

4月28日国内新增确诊病例22例，其中21例为境外输入。累计确诊病例82858例，治愈77578例，治愈率93.6%；累计死亡4633例，死亡率5.6%。现有确诊647例，其中重症50例。可以说中国的疫情防控战争已取得决定性胜利。

中国发现新冠疫情最早，中国人口总量最大，但中国防治却做的最好。这一役，美国可能会败的最惨。历史会客观评价这一切，特朗普、蓬佩奥之流的美国政客终究会被历史审判。

2020年4月29日

“风景这边独好”

昨天中央召开党外人士座谈会，就新冠肺炎疫情防控工作听取各方意见，习近平总书记讲话强调：“经过艰苦卓绝的努力，武汉保卫战、湖北保卫战取得决定性成果，疫情防控阻击战取得重大战略成果。”这是中央高层对疫情防控工作的最新判断。总书记表示：“面对突如其来的疫情，中共中央高度重视，坚持把人民生命安全和身体健康放在第一位，统筹全局、沉着应对，果断采取一系列防控和救治举措，用一个多月的时间初步遏制了疫情蔓延趋势，用两个月左右的时间将本土每日新增病例控制在个位数以内，用三个月左右的时间取得了武汉保卫战、湖北保卫战的决定性成果。”相信在中国亲身经历过这次疫情的人，都会认同上述论断，而绝非西方无良政客和媒体所炒作的那样。

“风景这边独好！”也许这样形容不恰当，但相对于美国和一些欧洲国家的疫情防控救治情况而言，用这句话也算贴切。

世间因果报应不一定都那么直接，但对于这次疫情来说却很应验。比如美国，累计确诊已经超过132万例，死亡78611例，分别占全球的33.7%和28.9%。对于一个经济实力雄厚、技术高度发达、自誉制度优越的国家，出现这样的结果实在令人痛心。中国暴发新冠肺炎疫情后，美国有将近两个月的预警期，可惜被白白浪费，直到3月15日才宣布进入国家紧急状态。之后，却因联邦政府政策混乱、措施缺失、国家首脑级人物个人政治生命优先等原因，使防控救治一直处于被动应付状态，如果不是各州努力自救，情况恐怕要糟糕的多。

全球的疫情远未结束，有很多事情还难做定论，但有些事已很清晰。比如人权，这次在美国就显得有些苍白，联邦政府和无良政客并没有把人民生命安全和身体健康放在第一位，而是专注于个人的政治利益和政治前途，漠视人们生存的基本权利。又比如自由，有些人放大了个人的自由权利，无视疫情防控的基本要求，无视群体的健康安全。再比如道义与国际合作，美国不仅屡屡“截胡”他国防疫物资，还攻击、抹黑、威胁世卫组织，不承担应尽的国际义务。可举的例子还很多，美国的国际领导力也许真的会因为这次疫情的糟糕表现而开始走向衰落。

昨天报道特朗普的一个保镖确诊患上新冠肺炎，今天又报道副总统彭斯身边的一位工作人员确诊。据说两位无良政客已有点慌神，对于美国社会来说这也许是件好事。病毒不在乎政治正确，政要也得有敬畏心！

2020年5月9日

链接：有关观点

环球时报驻美国特约记者蒋子怡、网球网特约记者王逸5月11日撰文称，《大西洋月刊》提前出版的6月刊有一篇《我们生活在一个失败的国家》的文章，文章称：“新冠病毒并未让美国解体，而只是揭露了已经解体的美国。”“新冠病毒登陆美国时，发现那里是一个有严重‘基础病’的国家，并无情地利用了这一点。腐败的政治阶层、僵化的官僚机构、残酷的经济、分裂和错乱的公众等‘慢性疾病’多年来一直得不到治疗，而美国学会了不安地忍受这些症状。”

美国经济学家、诺贝尔经济学奖获得者斯蒂格利茨认为，美国面对疫情很像第三世界国家。

本月7日，美国前驻华大使博卡斯（Max Baucus）在公开访谈中说，“我们正在重回‘麦卡锡主义’时代……也有点像20世纪30年代的希特勒德国时期。那时候，大家都知道德国发生的是错误的，但没有人站出来，没有人说任何话，因为他们感到害怕。”

5月10日，《国会山报》（《The Hill》）头版标题为《蓬佩奥是特朗普攻击中国的狗》（Pompeo is Trump attack dog on China, COVID-19）。报道称：美国国务卿已经成为特朗普政府不计代价地攻击中国的“喷子”，炮制各种“新冠病毒责任在中国”相关的阴谋论，不顾美国其他官员的不同意见和盟友国的反对。

5月9日，《华盛顿邮报》报道称，蓬佩奥让美国外交声誉扫地（Mike Pompeo forfeits U.S. credibility on foreign policy），《华盛顿邮报》评论称，蓬佩奥的错误主张和倒退美国外交政策“渎职和不诚实的象征”，让美国在世界范围“更加不受到尊重”“更加不具备影响力”。

差别制造悲哀

上午出去办点事，考虑到天热便开上自己的车，这在工作日还是第一次。回来的时候被交警示意靠边，一时有点纳闷。走的好好的，为什么示意靠边？我摇下车窗，交警走到跟前敬了个礼，要求出示驾驶证和行车证。看了以后交警说了一句，“你的车今天限号”，我才忽然想起来今天是周四。

交警一边扫描信息一边询问：“去哪儿了？”“离家远不远？”“如果远的话建议你把车停个地方，限号可以重复处罚。”

我说不远，马上就到家了。

一个交警扫描，另一个交警开罚单，罚100元，扣3分。

我没意见，这是自己的疏忽。临走时扫描的交警说：“××路45号院的”。另一个说：“不管它”，“李先生请注意安全！”

路上我还琢磨45号院怎么了，他们难道是一大队的，知道这个院？心里还有点被“知名”了的感觉。

午饭后看到群里有条信息，大意是：“是否有在××路45号院住的；是否有乘坐7月11日高铁G403次列车的；是否……”看完信息一下子明白警察为什么会说××路45号院的。我知道实情，但我并没有在群里解释。

一个小时后又看到一条信息，标题是“网传郑州市一IgM为阳性者，不属于确诊病例和无症状感染者”。信息的最后一段提醒大家“在疫情防控期间，请公众不信谣、不传谣”。

一点儿小花絮，颇多感触。在今天的中国，网上信息传播之快、之广确实令人惊讶；经过这场疫情，国民的防控意识无人能比；对于IgM阳性代表什么，很多人都不知道。与国民相比，美国人的防控意识可就差远了。

前几天有个报道，说美国得克萨斯州的年轻人曾举行过一次新冠派对，目的是要证明新冠病毒是假的，不会传播。遗憾的是，新冠病毒很不客气，派对之后有些年轻人就住进了医院，其中一个二十几岁的小伙子不幸去世。临终前他告诉护士自己后悔了，不应该相信新冠病毒是假的。认知上的差距真的太大，听起来很可笑、很可悲！当然这与他们的总统、副总统、国务卿等政客的价值观、应对策略、应对措施、个人言行不无关系。感觉在这件事上，整个美国都是可悲的！

截至今天，全世界累计确诊病例约13645662例，其中美国累计3616747例，占26.5%。中国的累计确诊病例在3月1日突破8万例，今天为85698例，4个半月只增长了6.4%；美国3月1日为69例，4个半月增长了52416倍，这绝对是一种悲哀，数字的背后是140140个鲜活生命的消失。

美国的疫情走势曾经在5月出现过缓和的趋势，日新增确诊病例一度下降到3万例以下，给人们带来了一点希望。但是很遗憾，这种向好的趋势没有得以巩固。从6月中旬开始，日新增确诊病例再次冲破3万例，且直线上升，到了今天竟然达到7万多例。从现在的趋势看，如果没有更加明晰的策略和强有力的措施，控制疫情将遥遥无

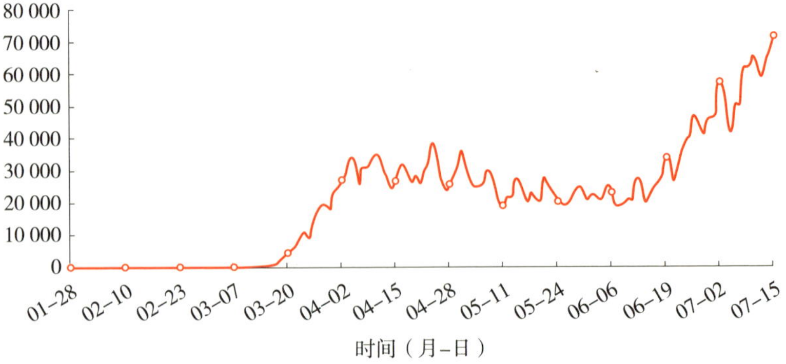

▲ 美国日新增确诊病例趋势

期，经济崩溃、社会动荡也许不可避免。

可悲啊！一个发达国家，一个号称民主自由、人权至上的国家，却发生这样的惨剧，特朗普政府该如何向美国人民交代，该如何向全人类交代！

2020年7月16日

“禁音区”

上午到人民公园散步，发现有几处园区立了个“禁音区”的牌子，感觉挺新鲜。其中一处写到“您已进入樱香园，本园区全天禁止使用各类音响、乐器”。另一处是“您已进入竹园……”

这两个园区都是人民公园比较幽静的地方，也是我每次散步的必经之地。也许禁音区还不止这两个。

我很赞赏设置禁音区，公园里本来就应该有几处小桥流水、曲径通幽的地方，留给那些喜欢静坐、静思的人。再说，植物对生存环境也应该有一定的要求，过分的喧嚣可能不利于其健康生长，譬如竹子、兰草等。

20多年以前，公园里还比较安静，除了几处供儿童玩耍的游乐场所，剩下就是绿植、湖水、步道、草地等。大树参天、曲径清幽、鸭鹅戏水、绿茵传情，给人以舒心的感受。不知从哪一天开始，公园变成了梨园、T台、舞场，自早上始便噪声弥漫，所有开阔的场地都被固定的群体所占领，甚至包括人行道。唱戏的、唱歌的、跳舞的、练剑的、走猫步的、踢毽子的、打羽毛球的，不一而足。可能参与者都很快乐，但公园却失去了应有的幽静，游园者也失去了本该有的从容。这事也许不能怪大家，毕竟城市里的公共活动场所太少，有不得已而为之的因素。

▲ 人民公园禁音区

虽然今天只看到两个“禁音区”，但整个公园好像变了，唱戏的不见了，走猫步的不见了，跳集体舞的不见了，难道禁音区的设置唤醒了人们的公序良俗，一切又回归应有的状态。但愿如此！

不知道这是谁的主意，我觉得应该推广，包括居民区附近的广场，还大家一个安静的环境！

2020年8月2日

九龙潭看水

今天游九龙潭，这是昨天特意安排的一次出游。

这些年没少去九龙潭，春夏秋冬的景色都欣赏过，还曾写过几首小诗，但总体感觉景色一般。之所以常去，一是因为距离适中，从市区出发，一个半小时便到山脚下，来回路上不需要耗费太多时间；二是因为景区处于半开发状态，游人少、台阶少，很多线路还比较原始，上下山不会太伤膝盖。去了很多次，总觉得有点遗憾，从来没有看到过一溪清流串珠、潭瀑相连的景色。

今年夏季郑州地区雨水好，特别是最近一个多月，头顶上的那几朵云时聚时散，总是不肯远去，阵雨、雷阵雨频频降临，以至于头伏和二伏天少了往年的那种酷热，有时夜里甚至会有点早秋的感觉。雨水多挺好，一是天气不热；二是大小河流里水多，这在北方地区显得尤为珍贵。

我喜欢山水间那种清幽、那种灵秀，每每走入山水间，心灵总会有一种被净化的感觉。但当河里没有水或水少时，那种清幽和灵秀就要打打折扣。今天游九龙潭便是奔着那种清幽和灵秀、甚或是某种惊奇而去的。

早上7时半出发，轻车熟路，9时前便到了山脚下。山前的小溪水声哗哗，这是往常不曾遇到过的。原以为来的挺早，却发现停车场里已有十数辆车，这也是往常不曾遇到过的。看来大家的心思一样，都是冲着溪水来的。

▲ 碧水清流

停车场旁边有一个农家饭店，我们几乎每次都在这里用餐，次数多了自然和老板熟络。下车后朋友去洗黄瓜，我和老板娘聊了几句，她说："今年雨水好，前两天河里的水更大。"饭店就在河边，看着湍急的溪水和那些倒伏的野草，我深信前天夜里这边的雨下得一定很大。

洗完黄瓜，背上背包，带上拐杖，出发。今天选定的路线是九龙潭的主线路，前半程沿溪流而上，后半程绕峭壁登山。

九龙潭位于太室山北麓，属登封市唐庄地界，地域有点偏僻。

▲ 大珠小珠落玉盘

与之相呼应的还有一个八龙潭，位于太室山的东侧，距离登封市区约5公里，与太室山著名景区卢崖瀑布毗邻。九龙潭和八龙潭名气都不大，网上可以查到的资料非常有限，传说唐宋时期八龙潭曾为名胜，名曰“龙潭贯珠”，颇受大唐女皇武则天的青睐。古时这一带的水量可能比现在丰富，加之嵩山特有的褶皱地质构造和陡峭的山势，跌水、瀑布很多。在水流的长期冲击下，形成了潭瀑相连、宛若串珠的自然景观，名曰“龙潭贯珠”。这大概就是八龙潭和九龙潭的由来。

九龙潭景区有两条主沟，其中东西向的沟最大，水量最多；南侧的沟最陡，景色最美。瀑布和水潭主要分布在南侧的沟道里。上山的线路沿沟道一侧的悬崖峭壁攀升，几乎所有的瀑布都可以看到，但却是可望而不可即，而深潭更是在几十米深的峡谷里，在密林的遮挡下有些却看不到。半山腰有个“九龙庙”，香火不旺；溪水尽头是一个高约30米的瀑布，瀑布前岩壁直立，凉气袭人，水珠四溅，青苔油滑。这是唯一可以近身的瀑布，流水如从天而降，不知其来自何处。

南侧沟道的登山线路本来就具挑战性，雨后的湿滑更增加了不少

▲ 清幽灵秀

难度。今天登山的人很多，不论男女老少，脸上都有一种不同以往的兴奋劲，但也少不了一些尴尬，遇到陡峭湿滑处，大家不得不手脚并用，甚至需要队友帮忙，一程下来很多人的裤子上都粘有泥巴。这便是累并快乐着！

大家为看水而来，真是不虚此行。水是近几年最大的一次，草木也随之茂盛了许多。穿越在溪水和林草间，确实又感受到了那种清幽和灵秀，大自然散发出的那种不加调和的芳香令人忘情，展现出的那种不加雕饰的美色令人留恋。一首七绝也许不能表达全部感受，但此行不能无诗，暂且录下：

七绝·盛夏游九龙潭

水声切切蝉声噪，树影婆娑野草长。

山道逶迤山谷险，一潭一瀑尽风光。

2020年8月9日

不一样的风景

今年国庆节与中秋节相逢，连休8天，一个超长的假期。

新冠肺炎疫情在我国已得到严密控制，除零星的境外输入病例外，本土几乎没有传染源，人们的生活生产已基本恢复正常。对于受上半年疫情影响的国人来说，这个双节可谓期盼已久。与家人团聚、外出旅行，早在很多人的计划单上。双节的出行和消费数据也证明了这一点。

据统计，双节期间全国零售与餐饮重点监测企业实现收入1.6万亿元，同比增长4.9%；全国出游旅客6.37亿人次（同比恢复到79%），消费4665.6亿元（同比恢复到69.9%）。尽管有些地方天气不是太好，但仍然出现了游客爆满的现象。双节期间的出游人次和经济表现说明我国经济社会活动正趋于正常，人们对经济复苏和疫情防控充满信心。

按照德国智库伊夫经济研究所近日的调查分析，今年全球经济将萎缩4.4%，其中美国将萎缩6.5%，欧盟萎缩8.4%，中国将增长2.3%，中国在各大经济体中表现最为卓越。感觉对中国的预期比较科学。

在国人喜庆双节的时刻，大洋彼岸传来了令人惊讶但却在意料之中的消息：10月1日美国总统特朗普及其夫人新冠病毒检测呈阳性，2日凌晨双双确诊感染新冠肺炎，当天傍晚被送往沃尔特·里德国家军事医疗中心接受治疗。这无疑是一个爆炸性新闻，接下来的两天网上议论很多，有怀疑真相的，有幸灾乐祸的，也有不少人诅咒他。当然出于政治和人道考虑，有不少国家元首向他表达了问候和祝福。

据网上消息，在监测出新冠病毒阳性时特朗普曾慌过神，不停地追问他的医生和身边工作人员他是否会死。这种焦虑和恐惧可能只持续了两天，在得到顶级医护后，他的嘴又开始硬起来，说自己感觉很好。也许是他的症状并不严重，也许是享受的医疗条件太好，也许是竞选的需要，他只在医院待了3天，于5日傍晚返回白宫。

本以为他会像英国首相约翰逊一样，一次亲身经历会改变对新冠肺炎的看法，回归科学认知，从而改变美国政府应对新冠肺炎疫情防治的策略，使失控已久的疫情得到有效控制。但是很不幸，事情却朝着相反的方向发展。出院后，他不仅没有重拾良知，反而大肆渲染新冠肺炎不可怕，危害程度不及一场大流感，并承诺所有感染新冠肺炎的美国人都可以得到免费治疗。这不像是一个正常人说的话，更不像是一个大国领导人说的话。疯狂！

针对特朗普的言论，10月6日，“美国队长”克里斯·埃文斯（Chris Evans，在漫威系列电影中饰演“美国队长”）发文表示强烈不满。埃文斯称：“让大家别怕新冠？！你有最好的医生和最好的药物，得到全天候的照顾。你以为每个人都能有同样的待遇？！遗憾的是，我觉得你意识到了这种差异，你只是不在乎。这种不计后果到了令人震惊的地步，即便你也会这样认为。”这段推特说出了很多人想说的话。据传，特朗普3天的治疗费超过10万美元，这的确不是一般人能得到且能够承受得起的特殊照顾。

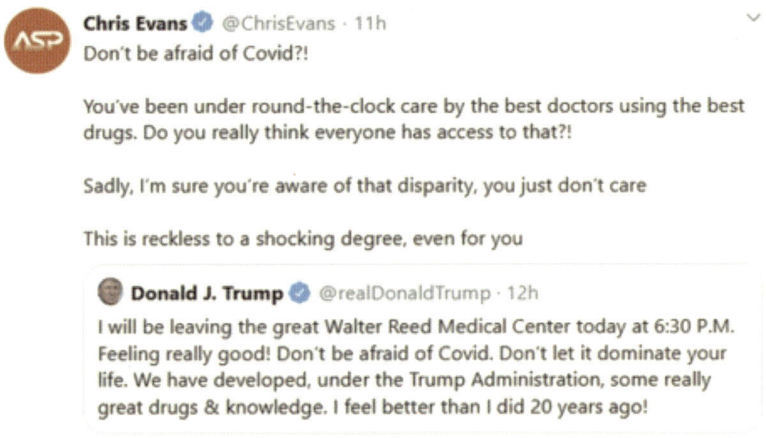

▲ 推特截图

昨天搜狐要闻报道，白宫内部至少有34人确诊为新冠肺炎。据说这还不包括那些出于隐私和安全考虑未公开的人员（如白宫特勤队），估计实际感染人数要比这个多。白宫“沦陷”，终于成为美国的一个缩影，面对如此严峻的形势他仍不改弦更张，我只能说：特朗普疯了！特朗普精神失常了！

截至昨天，美国新冠肺炎确诊病例已超过760万例，死亡人数超过21.3万例，日新增确诊人数仍维持在5万例上下。随着大选的逼近，日新增量可能还要升高。但愿特朗普的疯狂能在11月3日以后结束，还政府疫情防控以科学、理智、有序，还社会以安全！

特朗普最怕什么？我认为是死亡、失败！他最不能接受的是失败，最惧怕的是死亡。其他全是谎言！

2020年10月9日

落叶缤纷

早上在办公区拍了几张樱花树叶子的照片，感觉挺美，就发到了微信上，有不少人点赞。几片斑斓的树叶能引起共鸣，说明它真的美。其实生活中有很多不起眼的东西，只要你有心思去欣赏都会觉得它很美，不论是事还是物。

樱花树落叶较晚，应该算是送别秋天的那最后几抹彩霞。郑州的樱花树树叶的颜色变化从霜降前后开始，可以持续到小雪节气之后。每片叶子从绿色到橙黄色，再到橘红色、酒红色等，都有个渐变过程，但出现的时间会相差数天。所以落叶季节，树上、树下看上去都一样缤纷多彩。樱花树叶落从树梢开始，逐步向树冠下方发展，能够坚守到最后的往往是靠近树根部的那几片叶子。

办公区的两棵樱花树紧靠路边，树冠直径有四五米。平时看上去枝繁叶茂，没什么特别之处，但到了开花和落叶季节却格外引人注目。每每路过，我都会情不自禁地多看上几眼，有时还会拿出手机拍上几张照片。不同于武汉大学校园里的樱花，盛开季节如雪花飞舞、鹅毛铺地，景色很壮观、也很高洁。办公区的樱花花瓣较大，花为粉

▲ 办公区大院樱花树

红色，看上去很热烈、也很雍容。郑州市这些年栽植了不少樱花树，品种多与办公区的一样，可能属于关山樱。关山樱是日本晚樱的一个品种，在我国广泛栽种，尤其是华北地区，3~4月开花，花叶同期，总是红花绿叶相映。

樱花很美，我很喜欢，但我也很喜欢樱花树树叶在秋末冬初那种从容不迫的色变和依依不舍的坠落，很潇洒地把缤纷带入严冬。

2020年11月26日

别了2020

2020年的最后一天，说不上高兴，也说不上激动，心里有点五味杂陈。

这是一个特殊的年份，始于年初的一场新冠肺炎疫情几乎改变了所有人的工作和生活节奏，有些家庭更是失去了至亲。疫情防控贯穿全年，与疫情的抗争覆盖了全球。时值年末，人类还没有真正战胜新冠病毒，而在有些地区情况反而变得更加糟糕，最典型是欧洲和美国。前者因为在英国出现病毒变异，防控形势变得更加复杂、传染的风险更高；后者则因为自始至终的政府失能、政策失败、民众失智，疫情失去控制。

截至12月30日，美国确诊1997万余例， 死亡346579例，印度确诊1024万余例，死亡148439例；巴西确诊756万余例，死亡192681例；俄罗斯确诊310万余例，死亡55692例；法国确诊263万余例，死亡64204例；英国确诊239万余例，死亡71675例；伊朗确诊121万余例，死亡55095例；南非确诊102万余例，死亡27568例……全球确诊8287万余例，死亡180多万例。看着这些数字，真的高兴不起来。虽然肤色不同，信仰不同，制度不同，文化不同，但我们都属于人类，同居一个星球，命运休戚与共，谁也无法独善其身。我们看到的不应该只是冷冰冰的数字，而是人类共同遭遇的一场灾难。

中国无疑是新冠肺炎疫情防控做的最好的国家，没有之一。截至12月30日，现有确诊1393例，累计确诊96650例，死亡4787例。作为世界第一人口大国，疫情防控能做到此等程度，凡有公心者不能不敬佩。而且从年初疫情的集中暴发，到疫情得到有效控制，只用了约3个月的时间，几乎使不可能成为可能。但我们仍不能有丝毫的轻视。最近几日，有些省区又出现了新的状况，境外输入压力增大，零星确诊人员有增加的趋势。临近元旦、春节，人员聚集、流动肯定比平时要多，疫情防控大意不得。从这个角度讲，还真的激动不起来。

心里虽有些五味杂陈，但对即将到来的2021年我还是充满希望。人类与新冠肺炎疫情抗争了一年，学到的东西越来越多，认知终会改变；疫苗上市的时日已经不远，对病毒的有效阻断将为人类迎来更多科技攻关的时间，为最终消除新冠病毒影响创造条件。中国作为疫情防控最成功的国家，不会再出现年初那种集中式的疫情大暴发，相信这个元旦、春节整体上会是祥和平安的！

2020年12月31日